夢の細胞農業

培養肉を創る

羽生雄毅

さくら舎

プロローグ

「SFをつくる」技術を探して

「そうだ、培養肉《ばいようにく》つくろう！」——ある起業セミナーのワークショップで、私がふと思いついたことです。そしてここから日本の培養肉開発が実質的にスタートしました。

培養肉は特にSF作品では定番アイテムとして登場するものです。栄養満点の理想的な食品として描かれており、私にとっては、まさに未来が具現化したロマンの食べ物。

宇宙空間が舞台のSFでは、星間飛行をする宇宙船の中で培養肉は簡単につくられ、タ

図１　人工肉をつくる無料ハンバーガー製造機

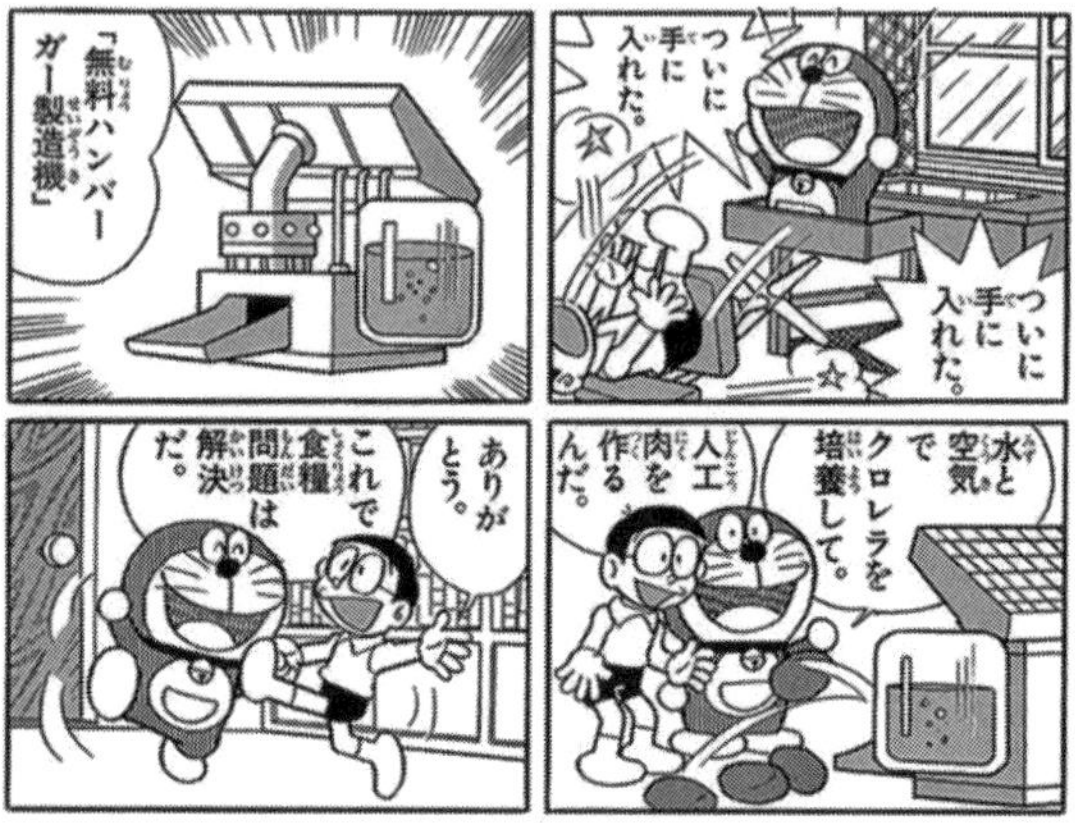

（『ドラえもん』22巻「のら犬『イチ』の国」p181、藤子・F・不二雄、小学館）

ンパク源として描かれています。

マンガ『ドラえもん』22巻の「のら犬『イチ』の国」には「無料ハンバーガー製造機」なるひみつ道具が登場し、「水と空気でクロレラ（植物性のプランクトン）を培養して人工肉をつくる」ことができます（図１）。

アニメ『けものフレンズ』の中に出てくる肉まんのような食べ物「じゃぱりまん」の中身は培養肉ではないか、という考察もあります。特にじゃぱりまんは、それを食べるだけで登場人物たちは生きられるらしく、現実世界でいう「完全栄養食」に近いものです。すばらしい！

この培養肉にＳＦロマンを感じ、大手電

機メーカーを辞めて細胞培養《さいぼう》スタートアップ企業「インテグリカルチャー」まで立ち上げた、培養肉づくりの野心に燃える人物が日本にいます。そう、この私です。

べつに最初から培養肉をつくりたいと思っていたわけではありません。親の仕事の関係で海外暮らしが長く、中学のころからネット文化に親しみ、「将来は何かSFをやりたい」とぼんやりと考えていました。

しかしSFをやるとはどういうことだろう。あまりにもぼんやりすぎるので、まずは理系を選びます。

オックスフォード大学で化学の博士号を取得し、東北大学でポスドク研究員を経て、東芝研究開発センターに就職します。システム工学を勉強するためでした。「SFをつくる技術」はバイオでもロボットでも宇宙工学でもなくて、システム工学（システムエンジニアリング）だということに気づいたからです。

たとえば、アポロ計画や日本全国に光ファイバーを張り巡らせるE－ジャパン構想などを思い浮かべてください。それをつくるのがシステム工学。ただモノをつくる技術だけでなく、どういう計画をつくるのか、どうやって運用するのか、どうやってそれに絡《から》む人を教育するのか、それによってどういう社会が実現するのかなど、全部ひっくるめて考え設計するものです。

東芝では、超大型蓄電池の劣化《れっか》評価システムの研究をしていました。東京駅の半分くらいもある、めちゃくちゃでかい蓄電池です。徐々にSF度が濃くなっている感じはします。しかし、まだ具体的なテーマは見つからないままでした。

自分がやるべきSFとは何か。企業研究者として働きながら、独自に勉強したりセミナーに参加したりと、いろいろ動きました。ある日参加した起業セミナーで、事業のお題を考えようというワークショップがあり、そのときにピンと思いついたのです。

「う〜ん……。あ、培養肉つくろう！」

心の中からポロッとこぼれてきた言葉でした。2014年2月のことです。

仲間と始めた培養肉づくり

自分は化学の博士号を取ったとはいえ、細胞培養の経験もなければ、特段知識があるわけでもありません。そこでまずは、仲間を集めることから始めました。RPGの主人公のように一人で冒険に出るのではなく、他の冒険者が集まる「ルイーダの酒場*」みたいなと

＊ゲーム『ドラゴンクエスト』シリーズに出てくる、旅人たちが仲間をもとめて集まる出会いと別れの酒場

ころでスカウトしようという作戦です。

ネットでもリアルでもいろいろな人に声をかけ、のちにインテグリカルチャーの共同創業者でありＣＴＯ（最高技術責任者）となる、再生医療と細胞培養の専門家とも出会いました。

集まった仲間と議論するなかで、培養肉は安くて手軽で、ラーメンのように誰もがつくれる親しみやすい食材となるべきだという話になりました。

検討が進むにつれ、本当に自宅で培養肉がつくれる技術的なメドが立ち、仲間や自分が実際につくったプロトタイプとともに「オープンソースＤＩＹ培養肉」を掲げ、情報交換しながら各自が「自宅で培養肉の実験をおこなう」という集団が自然とできてきました。

先述の「じゃぱりまん」を再現するべく、自宅でつくった培養肉の試食や研究の様子をニコニコ動画に流したり、培養肉のつくり方を載せた同人誌をつくってコミケ（コミックマーケット）で販売したり……。

この同人サークル的ムーブメントを、私は「Shojinmeat Project（ショージンミート・プロジェクト）」と名づけました。

大学や企業がやらない、むしろできない方法で培養肉の研究や発表をしていき、いろいろな人が趣味の一環として自宅で楽しく培養肉の研究をする「シチズンサイエンス」として広がっていったのです。

「世界初の食べられる培養フォアグラ」を開発

一方、大規模な生産や社会実装は、やはり企業として進めるのがいいだろうという考えにも至りました。そこで、Shojinmeat Project は「自宅で培養肉をつくる」ことをコンセプトにする有志団体としてそのまま継続し、私が共同設立したスタートアップ企業「インテグリカルチャー」では培養肉をはじめとする細胞培養システムの研究開発を進めることで産業化を目指しています。

私はＳＦのロマンを追い求める者として、培養肉という夢の技術の実現を目指しています。もちろん、これからお話しするように、お肉をこれからも安定して食べられる方法を確保するとか、タンパク質の新たな供給源にするとか、社会的な意義も大いにあります。

インテグリカルチャーは２０２３年2月、「世界初の食べられる培養フォアグラ」の開発に成功し、ニュースなどで大きく取り上げられました。食品成分のみを使ってアヒル

図２　培養フォアグラ

インテグリカルチャーが開発した、世界初の食べられる培養フォアグラ。
アヒル肝臓由来細胞を培養したもので、食品成分のみを使った食品グレード培養肉
（2023年２月21日発表）

の肝臓を形成する細胞を培養してつくったフォアグラです（図２）。

フォアグラはアヒルやガチョウに強制的に餌を食べさせて、肝臓を太らせてつくりますが、近年、その生産方法が問題視され、生産や供給を禁止する動きが広がっています。培養フォアグラは、そのような動物愛護や倫理的な問題の解決にも大きく貢献できます。

現在、インテグリカルチャーは神奈川県の湘南《しょうなん》に生産工場をもち、培養フォアグラの生産体制が整いつつあります。食品として販売するためのルール整備を待っているところですが、私が夢見た培養食品はいよいよ実現しようとしています。

じつは、インテグリカルチャーは、お肉に限らず細胞を使っていろいろなものをつくることを最終的に目指しています。

細胞を使ったものづくりを「細胞農業」といいます。くわしくは本文で説明しますが、世界では、さまざまな細胞農業製品の研究開発がおこなわれており、その代表格が培養肉、ということです。

細胞農業の現在と未来がわかる

培養肉は最近ニュースで取り上げられるようになりましたが、まだ新しい分野なので、書店に行っても一冊丸ごと培養肉特集のような雑誌や本はなかなかありません。そこで本書の出番です。

本書は培養肉を中心に、細胞農業の現在や未来を考えていきます。

第1章は、現在、世界で競争が加速している培養肉25年の歴史と培養肉の基本を振り返ります。つづく第2章では、そもそも細胞や培養とは何かということを解説し、第3章ではShojinmeat Projectというシチズンサイエンスが生まれた経緯もご紹介します。

ここまで読んでいただけると、読者の一部は「自分も細胞を培養してみたい！」と意気込むでしょうから、第4章ではShojinmeat Projectが長年培《つちか》ってきた「自宅で細胞を育てる」レシピを公開します。ぜひチャレンジしてください。

そして第5章は培養肉の現在の課題を考え、第6章は培養肉を含めた細胞農業の未来を夢見てみます。

最後にきわめて個人的な話になりますが、インテグリカルチャーという社名について聞かれることがときどきあります。じつは、私が子どものころから想像していた架空の文明世界に出てくる会社の名前からつけたものです。

その世界は、ハビタブルゾーン（地球と似た生命が存在できる惑星系の空間。生命居住可能領域）にある青いガス惑星の周辺を公転する衛星の連合国家「青玉連邦《せいぎょく》」という名前で、科学レベルで人類文明に当てはめると26世紀ごろ。

この想像の世界の物語は、弟と一緒に積み木遊びをしていたころからつくられはじめ、積み木遊びを卒業しても終わらず、その想像の世界にいろいろな設定がどんどん付け加えられていきました。

年齢とともに設定もどんどん高度化していき、どんな政治体制か、どんな名前の政党があってどんな主張をしているか、どんな会社があってその業務内容は何か……と、さまざまな設定がどんどん積み上がっていき、その中に出てきた会社の一つ、３００階建ての超高層農場を運営する会社が「インテグリカルチャー」なのです。

子どものころの夢をかたちにした、といえば聞こえはいいですが、ちょっとイタいなと思われる方もいるかもしれません。ともあれ、そういう人間がＳＦの実現を求めて起業し、いまこの本を書いていると、なま温かい目で見守っていただければ幸いです。

羽生雄毅《はにゅうゆうき》

目次◆夢の細胞農業 培養肉を創る

キンサイボーヤ
（筋細胞）

第3章 楽しいシチズンサイエンス

第4章 夏休みの自由研究に！ DIY培養肉

第5章 細胞農業を広めたい

第6章 細胞農業の未来に向かって、いろいろやろう！

夢の細胞農業　培養肉を創る

第1章

細胞農業の時代がやってくる

培養肉って何だ？

培養肉という言葉は本書の読者ならすでにご存じでしょうが、まだまだ知らない人も多そうです。とはいえ、ニュースやネット記事で見たことがある、という人も確実に増えてきていると思います。

でも、培養ってSF映画やアニメの中に出てくるもので、脳みそやクローン人間が液体の中にプカプカ浮かんでいるアレでしょう？　そのお肉って……と想像する人もきっといると思います。マンガ『ドラゴンボール』のサイヤ人編に出てきた敵？　それはサイバイマンです。*あれは種《たね》から生まれるので植物ベースですね。

一方で、私のように「SF作品に登場する未来の食べ物」と憧《あこが》れやロマンを抱く人もいるはずです。

いまの国際宇宙ステーションの宇宙食にはフリーズドライやレトルトが多いのですが、宇宙旅行が当たり前になった未来では、噛《か》みごたえのあるステーキ肉やローストビーフを宇宙で食べるのがSNSの定番ネタになるとしたら、ワクワクしませんか。

＊『ドラゴンボール』に登場する、種を土に埋めると数秒で育つインスタント戦士

図３　動物の細胞を増やしてつくったのが「培養肉」

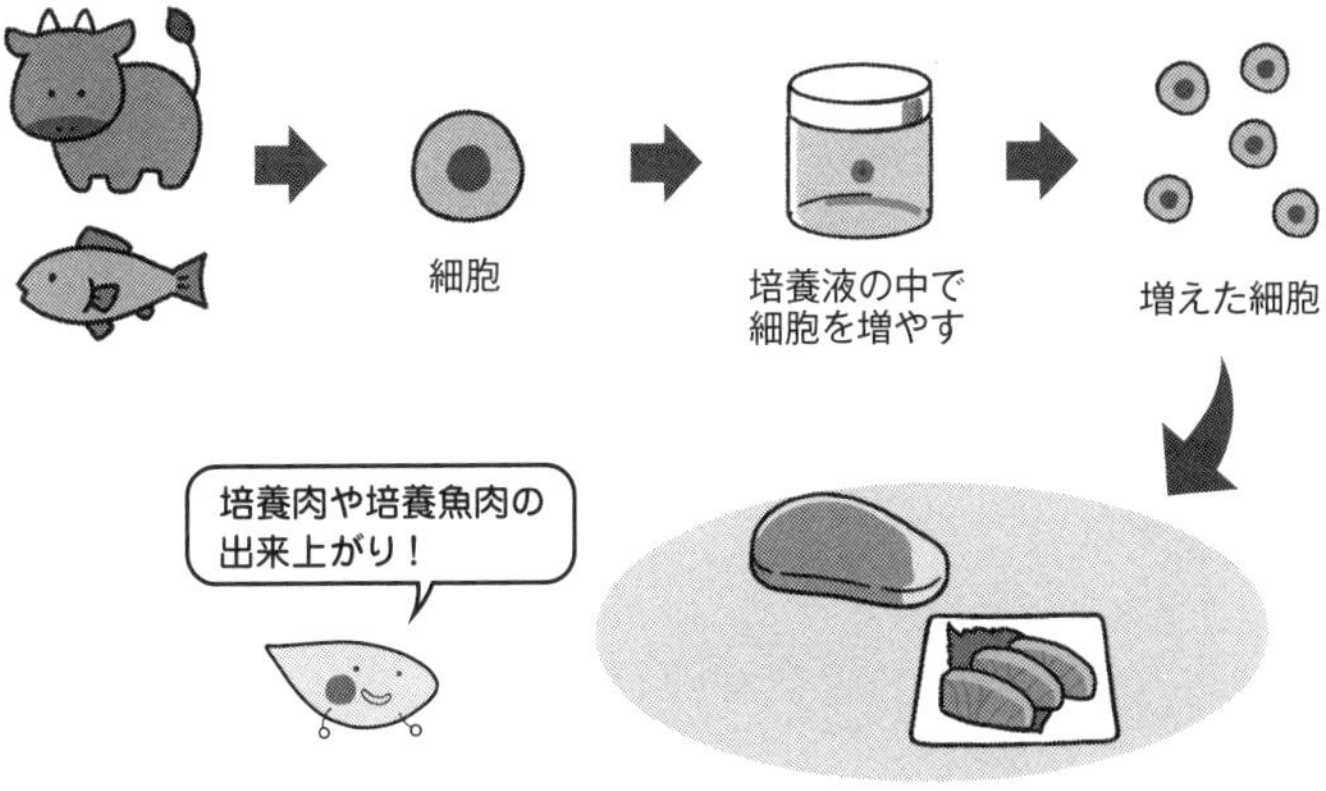
細胞
培養液の中で
細胞を増やす
増えた細胞
培養肉や培養魚肉の
出来上がり！

このように、培養肉という言葉から受けるイメージは人によって違い、そもそも具体的なイメージがわかないという方もいると思います。

そこで最初に、培養肉がどんなものかざっくりお伝えします。

●培養肉とは、培養という方法を使って、生き物の細胞《さいぼう》を体の外で増やして、お肉として食べられるようにしたもの。

●培養肉をつくるのに必要な主な材料は、動物の筋肉から取り出してきた細胞と、栄養ドリンクのような培養液。

読者のみなさんは、「細胞は体の中で増

えるもので、体の外に取り出したり体そのものが死んだりしてしまうと、細胞は増えないのでは？」と思われるかもしれません。

でも実際には、体から取り出しても、必要な成分さえあれば細胞は増えることができます。細胞にとっては、体の中であろうと外であろうと、増える環境が整っていれば増えることができるのです。

そして培養とは、体の外にある容器の中で細胞を増やすこと。つまり培養肉は、**動物の細胞をふだん私たちが食べているようなお肉になるように、容器の中で育ててつくったものです**。普通のお肉となるウシやブタやニワトリなどは牧場や飼育小屋で育てるところを、容器の中で細胞だけで育てる、ということです（図3）。

食品、薬、研究——身の回りにある培養技術

培養という言葉になじみがないかもしれませんが、遺伝子や細胞の研究をしている大学などの研究機関では、当たり前のように細胞を培養しています。何かの遺伝子が変わったときに細胞の中の成分や機能、形が変わるかどうか。がん細胞が死ぬような薬の候補とな

る物質はないか。有益な微生物を探すときにも培養は使われています。

ノーベル賞を受賞した山中伸弥《やまなかしんや》京大教授のｉＰＳ細胞（人工多能性幹細胞）は、多くの方が聞いたことがあると思います。ｉＰＳ細胞は、体の中から細胞を取り出し、皮膚《ひふ》だった細胞の時間を巻き戻して皮膚になる前の状態に戻したような細胞です。一度は皮膚になったのですが、受精卵に近い、ほぼ万能細胞の状態に戻ったもので、再び皮膚になることもできれば、神経細胞や心筋《しんきん》細胞など他の細胞にも変化できる性質をもっています。**ｉＰＳ細胞も、体の外に取り出して増やすので培養していることになります。**

細胞が増える性質をいかした治療法が再生医療です。病気やけがで失われた臓器や組織を再生させる医療が代表例です。

いまは切断された手を丸ごと再生することはできませんが、ごく一部の組織であれば再生できるところまできており、臨床試験というかたちで研究が進められています。目の網《もう》膜《まく》や心筋細胞を薄い膜のようなシート状に培養し、そのシートを移植《いしょく》することで視力や心臓の機能を回復させようというものです。

微生物を増やすことも培養と表現することがあります。体にいい物質をつくる乳酸菌《きん》を探すときには、培養によって乳酸菌を増やし、その中から目的の物質をつくる乳酸菌がいないか調べることになります。日本酒の発酵《はっこう》をになう酵母《こうぼ》も微生物で、いまではお酒の発酵工程に培養酵母を使うのが主流になっています。

また、糖尿病の治療薬であるインスリンは、大腸菌《だいちょうきん》の中に人間のインスリンをつくる遺伝子を組み込んで、その大腸菌を培養してからインスリンを抽出《ちゅうしゅつ》しています。

餅《もち》やパンを放置していたらカビだらけになってしまったという経験は、誰でも一度くらいあるでしょう。カビという生物が増えたという意味では、立派な培養です。**カビの培養に成功した！**と、胸を張って言いましょう（同居人に怒られるかもしれませんが）。

このように、食品から薬、そして研究など、細胞を培養するということは特別なことではなく、私たちの生活を支えている技術です。その**培養技術を活用して、目に見えない大きさの細胞から育ててお肉に仕立て上げるのが培養肉**です。

「なんだか不自然なつくり方だな」と思われるかもしれませんが、私たちがいつも食べているお米や小麦も自然に任せて育てているのではなく、肥料《ひりょう》などで土の栄養状態を調整したうえに、選び抜かれた品種の苗を植えています。

温室で栽培《さいばい》される野菜や果物は、気温や湿度、二酸化炭素濃度まで徹底的に人工管理された環境の中で育ちます。こうした管理を極限まで追求し、細胞レベルから育てようというのが培養肉です。

細胞を農業のように育てて食べ物、さらにはその他のモノまでつくることこそが、本書の最重要キーワードである「細胞農業」です。そして、培養肉は細胞農業の中の生産物の一種です。

そんな聞いたこともない方法でお肉ができるのでしょうか。

素直にいうと、スーパーに並んでいるようなお肉になるように、いままさに研究が進んでおり、10年後くらいにはみなさんにお披露目《ひろめ》できるように各国の企業が努力しているところです。

もっと先の未来では、一家に一台「培養肉装置」みたいなものが置かれ、細胞の「種《たね》」のようなものを取り寄せて、自分の好きなタイミングで細胞を増やし、好きなタイミングで培養肉を食べるようになるかもしれません。いまでいうホームベーカリーマシンのようなものです。

パンはパン屋さんだけがつくるものではないように、未来ではお肉は自分の家でつくるようになっている、と想像（妄想《もうそう》？）しています。

ロマンあふれる培養肉開発史25年――価格3000万円から2000円へ

培養肉を直接その目で見たことがある、食べたことがあるという人は、関係者でない限りなかなかいないでしょう。私がいくら「培養肉はロマンだ！」と言ったところで夢のまた夢であり、自分が生きているうちは関係ないと思う方が多いかもしれません。

しかし現在は「スケールは小さく価格の問題はあるものの、実現しつつある」段階にきています。

そこで、いまに至るまでの培養肉の歴史を振り返ってみましょう（33ページ図4）。

培養肉の歴史は、いまから約25年前の1997年にさかのぼります。日本では平成9年、山一證券が破綻《はたん》し、サッカー日本代表がW杯初出場を決めた「ジョホールバルの歓喜」があった年でした。

歴史を振り返ることで、特にこの10年間で培養肉の研究やマーケットが飛躍的に伸び、そしてこれからの10年で身近な存在になりそうだと感じてもらいたいと思います。

▼1997年、NASAの金魚肉培養実験

記念すべき培養肉開発史最初の出来事は、あのNASA（米国航空宇宙局）による培養肉実験です。アメリカで宇宙開発を担う機関であるNASAが培養肉に関心をもつ理由は、将来の長期有人宇宙飛行を想定しているからです。

もし、火星まで人間を送ろうとするなら、何カ月または何年という時間がかかります。フリーズドライの宇宙食はいっぱいありますが、やはり地上で食べるようなお肉を食べたいというのが人間の欲求です。そこで、宇宙船の中でお肉をつくる方法として、培養肉に関心をもっているというわけです。

当時の研究は、厳密にはNASA内部でおこなわれたのではなく、NASAのスモールビジネス・イノベーティブリサーチプログラムという制度からの資金提供を受けた、モーリス・ベンジャミンソンたちがやったものです。

ベンジャミンソンたちは金魚の細胞を切り取って培養しました。NASAと金魚という組み合わせが微笑ましいです。培養によって細胞を生かすことには成功したようですが、食べる量には至らず、匂いなどから「食用として許容できる」という結論にとどまりました。

彼らは鶏の筋肉も培養しましたが、NASAでは長期の有人宇宙飛行の優先順位が低く

なったため、その後の資金提供を打ち切り、２００２年の報告が最後となりました。

▼２０００年、組織培養アートプロジェクト

オロン・カッツとイオナット・ズールという研究者でもあり芸術家でもある人たちによるバイオアートです。バイオアートとは、最先端の生命科学を駆使して細胞を扱う芸術作品を指します。

２０００年に米ハーバード大学で始まったこの組織培養アートプロジェクトでは、最終的にカエルの細胞を培養し、生きたカエルと一緒に食卓に並べることで、「細胞や生命とは何か」を問いかける作品に仕上げたそうです。

▼２００４年、ＮＰＯ法人ニューハーベスト設立

ＮＡＳＡの資金提供による培養肉研究は打ち切りとなりましたが、その研究に触発された人物がいます。その名はジェイソン・マセニー。彼は公衆衛生学を専攻する大学院生だったときに養鶏場を見学し、鳥インフルエンザなどの動物感染症の観点から、食肉生産を根本的に変える必要性を認識したそうです。

調べ物をしている中でNASAの研究成果を見つけ、培養肉の啓発と研究資金の提供を目的に2004年、NPO法人「ニューハーベスト」を設立しました。

マセニー自身は2013年にニューハーベストの代表を退きましたが、ニューハーベストはいまでも活動を続けており、培養肉・細胞農業の世界的な思想リーダー的存在になっています。

▼2005年、オランダ政府が培養肉研究に200万ユーロを提供

起業家による培養肉の研究活動も、このころになると現れます。1923年にオランダで生まれたウィレム・ヴァン・イーレンは第2次世界大戦中にオランダ領東インド（現インドネシア）で日本軍の捕虜《ほりょ》となり、飢餓《きが》や動物虐待《ぎゃくたい》を経験する中で、「なぜ肉を体外で育てることができないのか」という疑問をもつようになります。1995年には体外式肉生産の特許を取得しました。

さらにヴァン・イーレンは食肉科学の研究者に声をかけ、2005年にはオランダ政府から4年間の研究プロジェクトとして200万ユーロ（約2・8億円）の研究資金を獲得《かくとく》することに成功。2007年にはインビトロ・ミート・コンソーシアムという学術団体を

立ち上げ、本格的な培養肉研究が始まりました。

しかし、世間から培養肉の関心を集めることはできず、追加の資金援助もないままコンソーシアムは活動を終えました。

しかし、このコンソーシアムのメンバーの一人であった、オランダのマーストリヒト大学のマーク・ポスト教授が、のちに偉業をなし遂げることになります。

▼2013年8月5日、世界初の培養肉ハンバーガー

マーク・ポストは2011年、アメリカの雑誌『ザ・ニューヨーカー』のインタビューの中で、「実験室で筋肉の細胞を動物性タンパク質に成長させる技術はすでに利用できる、資金さえあれば」と答えました。

すぐに匿名《とくめい》で資金が集まり、ポストは「100%培養肉のパテを挟《はさ》んだハンバーガー」を目標にプロジェクトを開始しました。

そして2013年8月5日、培養肉研究の歴史に刻まれる日がやってきます。**ポストは本当に培養肉パテを完成させ、記者会見を開いて培養肉ハンバーガーの試食会***をしました。**

ウシから細胞を採取し、約2万本の筋繊維《きんせんい》を培養して約200グラムのパテを作製したの

＊試食会の動画　https://www.youtube.com/watch?v=2o0MCZwL_VE

図４　培養肉開発史

1997年	NASAの金魚肉培養実験
2000年	組織培養アートプロジェクト
2004年	NPO法人ニューハーベスト設立、培養肉啓発と研究資金提供
2005年	オランダ政府が培養肉研究に200万ユーロの資金提供
2013年	世界初の培養肉ハンバーガー（1個約3000万円以上）
2014年～	培養肉スタートアップ企業が続々創業 日本の羽生雄毅、培養肉づくりを決意、Shojinmeat Project始動
2017年	価格が100分の1のニワトリの培養肉登場（200g44万円）
2020年	シンガポールで培養肉が販売開始（約2260円）

4年で1/100の価格に！

です。

当時の食レポは、「噛みごたえがある」「焼くと肉の香りもする」「見た目も味も肉に近い」というものでした。このとき、資金提供者がグーグルの共同創業者であるセルゲイ・ブリンであることも明かされました。

しかし、人々の中に最も記憶に刻まれたのは、その価格です。**1個で約3000万円以上！**

ヒレ肉の最高級であるシャトーブリアンを使っても、こんな値段はしません。個人的な資金提供があったからこそできたことであり、とてもではないが手を出せる値段ではなかったのです。

▼２０１４年～、培養肉スタートアップ企業が続々創業

ポストの培養肉ハンバーガーはとんでもない高額品でしたが、実現可能性を示したというエポックメイキングだったのは確かです。

これに触発されたのかはわかりませんが、２０１４年以降、いろいろな食べ物やモノを細胞培養でつくるスタートアップ企業が世界のあちこちで誕生します。この章の後半で述べるように、培養肉からミルク、レザーまで、企業ごとに多種多様な取り組みがあります。

ちなみにプロローグで述べたように、私が「培養肉つくろう」と思いついたのは２０１４年２月ですが、その時点では前年の培養肉バーガーのことは知りませんでした。培養肉のことを調べていくなかで、初めて知ったのです。私の個人的な思いつきでしたが、偶然、世界の培養肉づくりの潮流とシンクロしていたわけです。

▼２０１７年、価格が１００分の１のニワトリの培養肉登場

アップサイド・フーズ社（当時の社名はメンフィス・ミーツ）がニワトリの培養肉をつくり、その価格は４５０グラムで９０００ドルでした。当時の為替は１ドル１１０円くら

いなので、ポストの培養肉パテの重さに合わせると２００グラムあたり44万円となり、**価格はわずか4年で約１００分の１にまで下がりました。**

２０１３年には「培養肉ができたとしても現実的な価格ではない」という反応でしたが、「もしかしたら手に届く価格まで来るかもしれない」という予想に変わっていきます。

▼２０２０年、シンガポールで培養肉が販売開始

アメリカのイート・ジャスト社の培養肉がシンガポール政府から販売承認を得たことで、**世界で初めて培養肉が売られる**ようになりました。チキンナゲットとして当初は会員制レストランで提供され、２０２１年にはデリバリーサービスを開始しました。

デリバリーメニューは、フライドチキンライスとアジアンサラダ（2品とも培養肉はチキンカツとして提供）、チキンギョーザの3品。どれも**23シンガポールドル（約２２６０円）と、少し背伸びをすれば手の届く値段**です（２０２２年現在）。

わずか10年前には数千万円もする培養肉が、いまではたまに食べるごほうびくらいの値段で食べられるようになってきました。いまからさらに**10年もすれば、日本でも多くの人**

が手頃な価格で培養肉を買えるようになると思います。

このような価格低下は、培養のノウハウが蓄積していくことで培養が効率化され、技術が洗練されていく結果です。これはどの業界でも同じことで、テレビもスマートフォンも技術が進むにつれてどんどん価格が下がり、または同じ価格でも次々と高性能な製品が登場しています。

培養肉は、できたばかりの技術だからこそ発展は目覚ましく、あっという間にみなさんの手元に届くものだと考えてもらって間違いないと思います。

培養肉と代替肉は別もの

ここまでおもに培養肉のことを書いてきましたが、みなさんの中には「代替《だいたい》肉と何が違うの？」と考えた人がいるかもしれません。ここで代替肉のおさらいをしておきましょう。

ニュースなどでは「代替肉はお肉の代わりとしてつくられる食品で、植物肉、昆虫タンパク、培養肉の3つがある」といった説明も多く見かけます。培養肉は新しいジャンルで商品化がこれから、ということもあり、代替肉カテゴリーに入れられてしまうのかと思いますが、代替肉（植物肉や昆虫タンパク）と培養肉は別ものです。

基本的に押さえておいていただきたい点は、**代替肉は文字どおり「肉の代わりとなるタンパク質」であって、肉そのものではない**、ということです（次ページ図５）。

▼植物肉：植物の細胞からできたお肉に似せたもの

代替肉として最も広く知られているのは**植物肉**で、特に大豆ミートやソイミートと呼ばれるものはカフェやスーパーでも目にする機会が増えてきました。小麦やえんどう豆、コンニャクなど大豆以外の植物原料を使ったものも植物肉と呼ばれます。ものは試しと、食べたことがある人もきっといるでしょう。

大豆ミートは、大豆から抽出したタンパク質を加工したものです。スーパーでは乾燥させて粒状になったものが陳列《ちんれつ》されており、水を吸わせて調理するとひき肉に近い食感になります。カフェなどではハンバーガーのパテやハンバーグの材料として使われることもあります。大豆はヘルシーという印象があるからか、健康意識の高い人の間で注目されています。

ただ、少し屁理屈《へりくつ》になってしまうかもしれませんが、大豆からタンパク質を摂取《せっしゅ》するこ

図5　培養肉と代替肉との違い

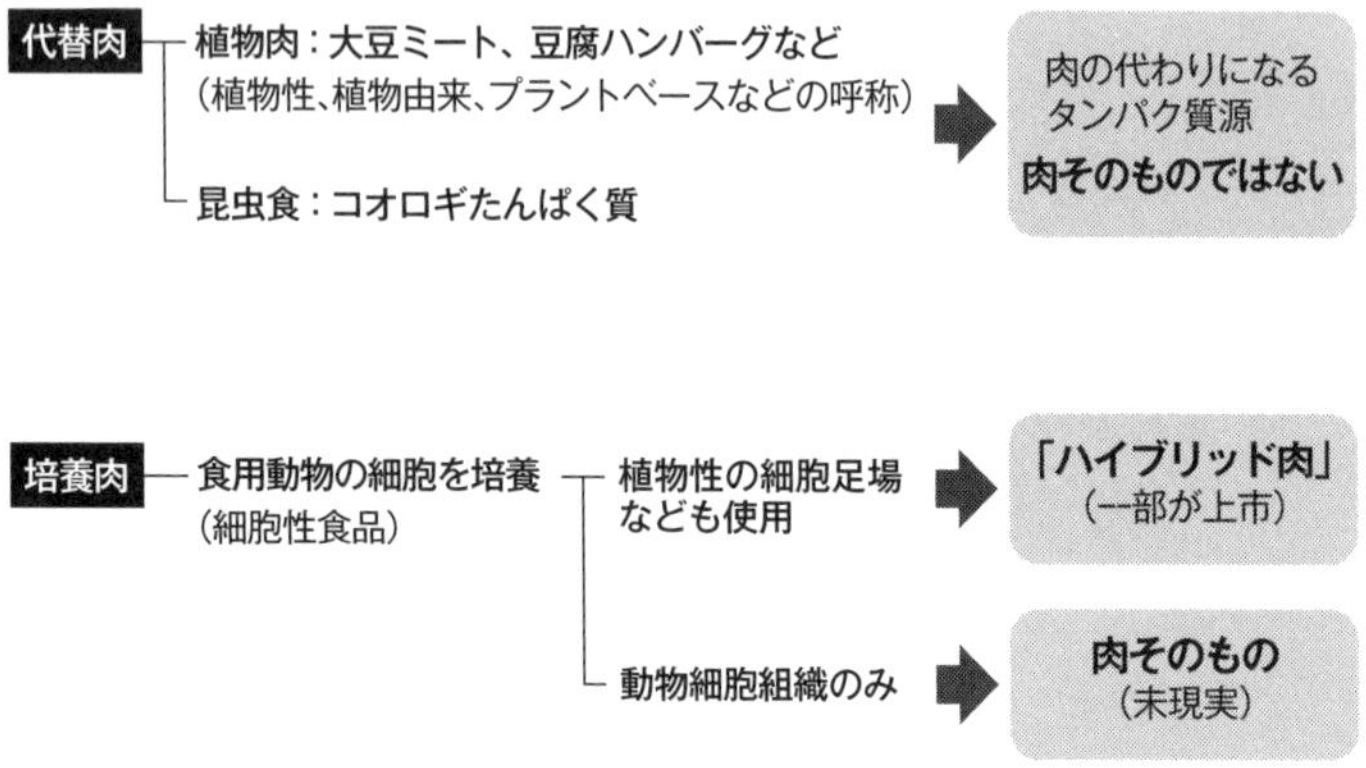

と自体は新しいものではありません。たとえば、豆腐は動物肉ではなく大豆を使っているという点においては**大豆ミートと変わりなく、**豆腐ハンバーグのことを**大豆ミートハンバーグ**と言っても定義上は通るはずです。

植物肉では米国のインポッシブル・フーズ社やビヨンド・ミート社が有名で、日本でもネクストミーツ社がたびたび話題に上ります。大豆ミートのようなひき肉だけでなく、焼肉屋さんで食べるようなスライス状のお肉の代わりとなる植物肉の普及を目指しているようです。

植物は英語でプラント（plant）ということから、植物由来の原料を使った食品をプラントベースと表現することもあります。植物肉はプラントベースの代表例ですが、肉だけでなく卵やマヨネーズもプラントベースとして再現するものが日本でも販売されています。

▼昆虫食：昆虫の細胞からできたお肉の代わりのタンパク質

また、肉の代わりとなるタンパク質源としては**昆虫食**も注目されています。

長野県伊那谷《いなだに》はザザムシ、蜂《はち》の子、イナゴの佃煮《つくだに》などの郷土料理がある地域として有名です。昆虫食はこれまでこうした地域の食文化という位置づけだったようですが、最近では食用コオロギの粉末を混ぜたせんべいやパンなどの商品が売られるなど話題になっています。昆虫食の自動販売機を街なかで見たことがある、という人もいるでしょう。

▼培養肉：動物の細胞からできたお肉そのもの

代替肉の例をいくつか紹介しましたが、いずれも**「お肉の代わり」**や**「お肉に似せたもの」であって、お肉ではない**ということです。代替肉で実際に食べているものは「植物の細胞」や「昆虫の細胞」です。

その点、**培養肉は「お肉そのもの」**です。体の中で育てたか、体の外の容器で育てたかの違いはありますが、食べているものは「動物の細胞」です。ここが代替肉と大きく違うところです、と声を大にして言っています。

もちろん、培養肉と植物肉とではそれぞれのよさがあります。現時点では植物肉のほうが安価という点では植物肉に軍配が上がり、お肉本来のうまみが楽しめるはずという点では培養肉に分《ぶ》があります。

どちらか一方だけが開発競争で生き残るのではなく、たとえば培養肉と植物肉を混ぜたハンバーグのように共存していくのではないかと考えています。

エコノミストによる予測では、**2040年には世界で消費されるお肉の3分の1は代替肉または培養肉になっている**とのことです。この数値はあくまで予測ですが、そう遠くない将来では、多くの人が「一度は培養肉を食べたことがある」と経験するようになると思います。

お肉をめぐるサステナブルではない状況

代替肉も培養肉もニュースで取り上げられるようになってきましたが、なぜ注目されているのでしょうか。代替肉は日本でもさまざまな食品メーカーが参入していますが、単にヘルシー志向の流行に合わせて「乗るしかない、このビッグウェーブに*」としているだけではありません。

培養肉についても、私個人としてはＳＦ作品に出てくる世界を実現したいというロマンが原動力になっていますが、実際には深刻な食料事情の背景があります。

世界の人口は、１９８０年には約40億人でしたが、２０２２年には80億人に達し、２０５０年には１００億人を超えると予測されています。

人口が増えれば世界に必要なタンパク質量も増えるのは自然の流れです。特に畜産物については、新興国で経済が発展するにしたがって肉食文化が広まるようになり、**食肉需要は急増**します。中国やブラジルで食肉消費量が増えていることが、インドやアフリカも含めて世界中で起きるようになるのです。

＊何か大きな出来事が起こった際に参加するしかない、という意味で使われるネットスラング

世界のタンパク質の需要が供給を上回る時期がくる「タンパク質危機」という言葉を聞いたことがある方もいるでしょう。

ならば、「人口増加に合わせて畜産業を拡大させる、つまり世界でウシやブタをいっぱい育てるだけで問題解決するのでは？」と思われるかもしれませんが、話はそう簡単ではありません。

２０１６年における世界の穀物の生産量は約25億トン。このうち、人間が食べるための食用として消費されるのはたった43％です。生産された穀物の35％は、じつは家畜の飼料に使われています。

もちろん、食べたエサのすべてがお肉になるはずがありません。**牛肉1キロを食肉として生産するためには、実際には24キロもの飼料が必要**です。さらに飼料生産や家畜の飼育に使う数万リットルの水も加わります。カロリーベースで計算すると、いまの**世界の家畜が消費するカロリーの総量は、人間の35億人分にも相当**します。

懸念《けねん》されるのは食料の側面だけではありません。畜産業には広大な土地が必要です。飼育施設だけでなく、飼料となる牧草を育てる土地も必要です。

つまり、家畜を増やすということは、貴重な穀物や水の消費量が増え、家畜用の土地も広がるということです。人間の数も増え、家畜の数も増える。**人間のタンパク質源を確保するために、人間と家畜の間で食べ物や土地などの資源を争う**という、本末転倒な奪い合いが起きてしまうのです。

また、家畜が排出する二酸化炭素やメタンガスなどの温室効果ガスも問題視されています。２００６年に国連食糧農業機関（ＦＡＯ）が発表した数値によると、**温室効果ガスの総排出量の18％は、家畜のゲップや土地確保のための森林破壊によるもの**と推定されています。この数値は、世界の交通機関（自動車、飛行機、船舶など）による総排出量よりも大きいものです。

この数値については議論の余地はあるものの、無視できないほどの量の温室効果ガスが畜産業によって排出されているのは間違いないでしょう。

こうした意味でも、今後の畜産業の拡大には問題が山積していると考えられています。しかし、肉消費量の急増は避けられない。

そこで、**どうやってタンパク質を確保するかという「タンパク質安全保障問題」が生じる**のです。タンパク質安全保障問題は世界共通の問題ですが、日本のように食料自給率が低く、資源や土地の乏《とぼ》しい国ではとくに大きな問題になります。

最高に効率がいい生産方法こそが培養

人間が生きていくうえでタンパク質は欠かせません。そうなると、タンパク質安全保障問題の解決策は2つしかありません。

一つは、「食文化を変えて、動物性タンパク質の消費や廃棄を減らす」。動物肉をやめ、植物肉や昆虫食にシフトするという方法はこちらに含まれます。お肉も魚も卵も食べないヴィーガンのような食生活です。

ヴィーガンは、動物虐待に関わる動物性資源を一切消費しないというヴィーガニズムに基づいた人たちのことです。ヴィーガンほど極端でなくても、動物福祉の観点からお肉を避ける人たちが欧米を中心に増えているのは事実です。

実際、動物の身体的・精神的苦痛に配慮するアニマルウェルフェア（動物福祉）という考えは浸透しつつあり、畜産業でも考慮されています。

しかしヴィーガンの場合、それなりのお金や時間を使って計画的に栄養を摂取しない

図6 エネルギー変換効率の高い培養肉

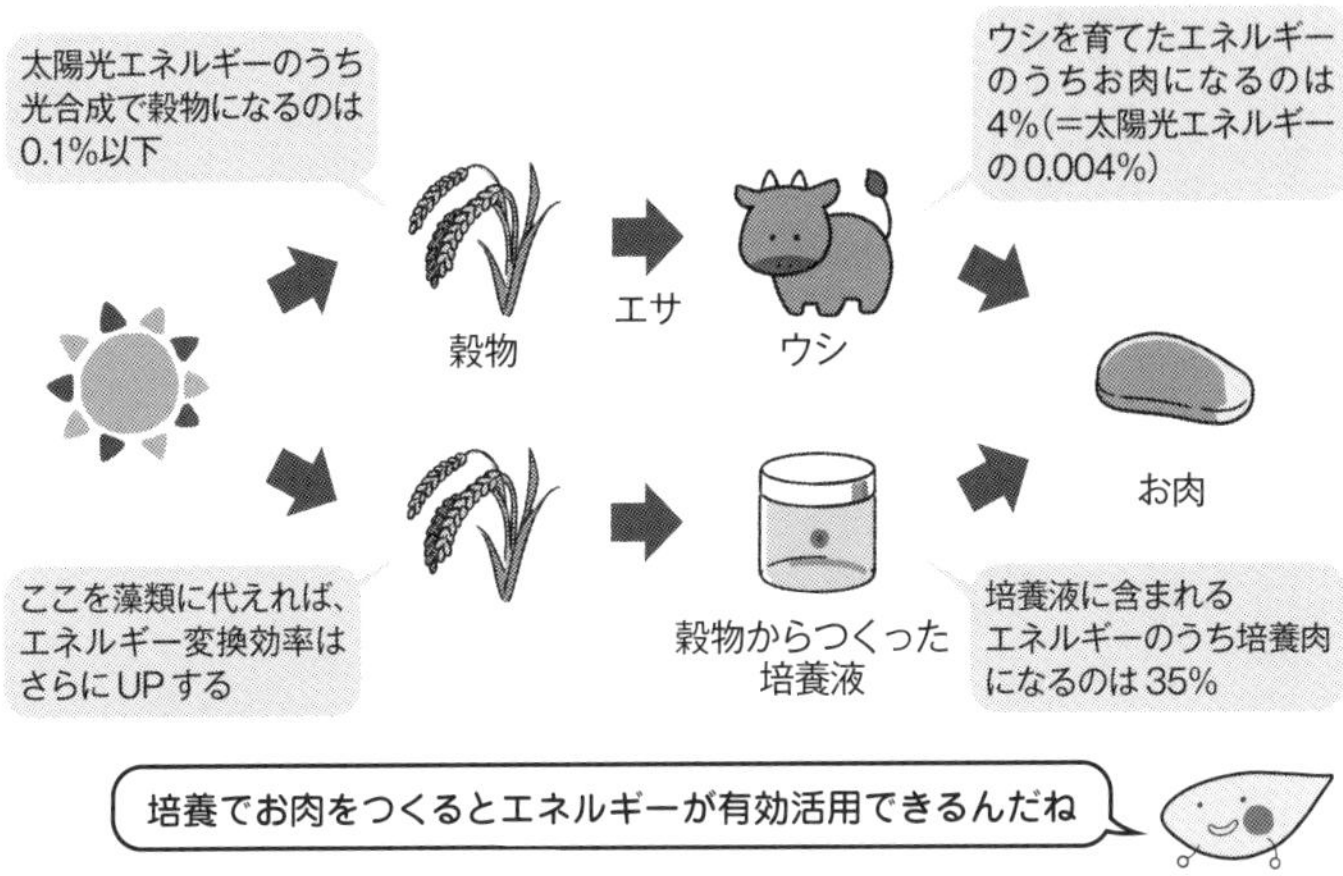
太陽光エネルギーのうち
光合成で穀物になるのは
0.1%以下
穀物
エサ
ウシ
ウシを育てたエネルギー
のうちお肉になるのは
4%(=太陽光エネルギー
の0.004%)
お肉
ここを藻類に代えれば、
エネルギー変換効率は
さらにUPする
穀物からつくった
培養液
培養液に含まれる
エネルギーのうち培養肉
になるのは35%
培養でお肉をつくるとエネルギーが有効活用できるんだね

と、特に成長期ではタンパク質やビタミン、ミネラル不足が心配されます。

そもそも、お肉や魚を食べる食習慣は当たり前と考えている人がほとんどであり、全員がヴィーガンのように肉食文化を放棄するのは現実的ではありません。この本を読んでいるみなさんも、「1年間肉食禁止」と言われたら耐えられない人も多いのではないでしょうか。

そこで、タンパク質安全保障問題のもう一つの解決策が、「食文化を維持しつつ、持続可能《サステナブル》なタンパク質を生産する」という方法です。細胞培養によって、肉そのものをつくろうというわけです。**持続可能なタ**

ンパク質の生産方法こそが細胞培養です。

持続可能性については、エネルギー変換効率で考えてみます（図6）。エネルギー変換効率とは、太陽電池や燃費の計算などでも使われる評価基準で、入力されるエネルギーを100％とすると、そのうちどれくらいを有効に利用できているかという割合です。

ウシを育てて食肉になるまでに必要な飼料に含まれるエネルギーのうち、食肉に含まれるのはたった4％です。また、飼料についても、太陽エネルギーのうち光合成を経て植物の中のエネルギーになるときには、すでに0・1％以下になっています。

一方、培養でつくるお肉はどうでしょうか。「ウシ全体」を育ててお肉にするのではなく、最初から「お肉の部分」のみをつくるので、余分なエネルギーは不要です。細胞が増えるのに必要なエネルギーがあれば十分です。

培養肉の〝エサ〟となるのは培養液で、培養液から培養肉へのエネルギー変換効率は35％程度と見込まれています。

培養液自体は、現在は穀物からつくられていますが、材料が藻類《そうるい》などに置き換えることができれば、エネルギー変換効率はさらに上がります。クロレラなどの藻類は、穀物より生産性が高くタンパク質も豊富なため、バイオ燃料や食料としても有望視されています。

現在市販されている太陽電池の変換効率は20％くらいと聞きますから、それをも超える高い効率です。

エネルギー変換効率が高いと何がいいのでしょうか。いちばんわかりやすいのは、現在の畜産業のように広大な土地や資源を必要とせず、**小規模スペースかつ省資源（＝ムダがない）で多くの培養肉をつくることができる**ようになることです。

ゆくゆくは、月や火星で人類が活動するようになった宇宙時代、月や火星の基地内で培養肉をつくることもできるでしょう。

実際、私が代表取締役を務めるインテグリカルチャーは、東京女子医科大学と共同で、**地球外で食肉生産ができる技術の研究**をおこなっています。これはＪＡＸＡ（宇宙航空研究開発機構）と宇宙探査イノベーションハブが実施する研究提案プログラムの一つとして選ばれました。宇宙に行ってもお肉が食べられる日は近いのです！

培養肉はおいしいのか？

「培養肉が将来の食料危機を救うかもしれないことはわかった、でも味はどうなの？」と疑問に思う方も多いでしょう。当然のことだと思います。食べるものがないからといって、おいしくないものを嫌々食べさせられるのは、成熟した社会としてあるべき姿ではないでしょう。**おいしいからこそ普及する、それが自然の流れ**です。

培養肉の味や食感については、まさにいま、本来のお肉に近づけるための技術開発が進められているところです。私も試食しましたが、当初は**そのままではいささか風味に欠けるというのが正直なところ**でした（そもそも生《なま》のお肉を味付けせずそのまま食べることはほとんどないと思いますが……）。ただ、それには理由があります。

スーパーに並んでいるお肉を思い浮かべてみてください。お肉には赤い部分と白い部分が混ざっています。赤いところは筋繊維《きんせんい》で、白いところは脂肪《しぼう》です。

培養では現在、赤いところを増やすこと自体はできているのですが、そこにジューシーさやうまみを引き出す脂肪をどうするかという課題があるのです。また、焼いた肉に箸《はし》を入れると繊維に沿って分けることができるように、繊維感を出す難しさもあります。

解決策はいくつかあります。脂肪をほどよく混ぜる方法もあれば、3Dプリンタを使って筋細胞と脂肪をバランスよく出力させて、いわゆる「サシ」（霜降《しもふ》り肉のように赤身の間にある脂肪のこと）のある赤身肉をつくる方法もあります。このあたりは現在、各企業が試行錯誤しながら技術開発している段階です。

２０２３年2月にインテグリカルチャーが発表した**「培養フォアグラ」（7ページ図2）は、より完成度がアップ**しています。フォアグラの風味と甘み、舌ざわりが合わさり、私自身も一口食べて「うん、これはいける！」と強く感じました。

関係者を集めた試食会の様子はニュースにもなり、参加者からは、

「香りを感じるほどではなかったが、フォアグラのような味はあった」

「コクのある味が感じられた」

と好評でした。

培養肉はさらなるおいしさに向けて、日進月歩を続けています。

じつは安全で食中毒の心配フリーな培養肉

おいしいかどうかの以前に、「食べて大丈夫なのか？」と身構える人もけっこういると思います。

食品として販売できるかどうかは、国のルールによります。日本では最近になってよう

やく議論がスタートしたところなので、まだ一般の方に試食してもらう機会自体をつくることができないのが実情でした。

インテグリカルチャーは食べても問題ないものを開発していますが、あらためて培養肉の安全性について考えてみましょう。

まず、**細胞そのものは無害**です。すでにみなさんが日々、お肉として食べているわけですから、ここは心配ありません。

そして、細胞が増えるための栄養源は培養液ですが、これは、家畜だけでなく私たち人間がふだんから食べている糖分やアミノ酸、ビタミン、ミネラルなどの栄養素（＝食品）からできています。安全性が確認できている食品だけを原料に使い、一定の規格や基準を満たしてつくったものを「食品グレード」といいますが、先述した「培養フォアグラ」もまさにそれです。

安全という意味では、**細菌や寄生虫などによる食中毒を心配しなくてもいい**という点で、培養肉のほうがむしろ安全かもしれません。鶏肉は中心までしっかり火を通さないといけないのは、カンピロバクターという細菌が食中毒の原因になるからです。また、魚介類にはアニサキスがまれに寄生していることはよく知られているところです。

でも、**培養肉は無菌状態で培養するため、細菌や寄生虫が入り込む余地がありません。**生肉として食べてもお腹をこわす心配はないのです。もしかしたら、培養でつくった「生レバー」を安全に食べることができる日がくるかもしれません。レバ刺しファンには朗報です。

ところで、たまに質問されることがあるのですが、**培養肉は遺伝子組換えとはまったく関係ありません。**動物の細胞をそのまま増やすだけなので、わざわざ遺伝子を変えたり外部から入れたりする必要性がどこにもないからです。

遺伝子組換え食品の安全性にはいろいろな議論がありますが、技術そのものがまったく違うということだけは覚えていただきたいと思います。

「細胞農業」という最重要キーワード

ここまで読んでいただき、培養肉のことはだいぶ理解していただけたのではないかと期待しています。そして、培養肉をつくるための方法や技術のことを「細胞農業」といいます。

細胞農業とは、「本来は動物や植物から収穫される産物を、特定の細胞を培養すること

で生産する方法」のことです。「培養」という言葉については第2章でもくわしくお話ししますが、要は「細胞を増やす」ことだと思ってください。

細胞農業は、細胞を増やしてできる生物《なまもの》をつくる次世代型生産方式ともいえます。培養肉は、細胞農業における生産物の一種というわけです。

細胞農業という言葉は、米国を拠点に培養肉の研究支援をおこなう非営利団体ニューハーベストがつくりました。2015年にFacebookグループの中で「セルラー・アグリカルチャー」(cellular agriculture) として登場したのが最初とされています。セルラーとは「細胞の」、アグリカルチャーとは「農業」という意味で、セルラー・アグリカルチャーを日本語に翻訳したものが細胞農業です。

ちなみに、セルラー・アグリカルチャーを「細胞農業」と翻訳したのは、プロローグで述べたShojinmeat Projectのメンバーの一人で、いち早くウィキペディアの日本語ページをつくったという経緯もあります。

そんなわけで、**細胞農業は2015年に生まれた新しい言葉**で、誕生からまだ10年も経っていません。細胞農業という言葉を初めて聞いたという人も多いと思いますが、無理もないことです。そもそも細胞を培養して食品などをつくる、ということを表す言葉がな

図7　細胞農業と再生医療、基本は同じ技術

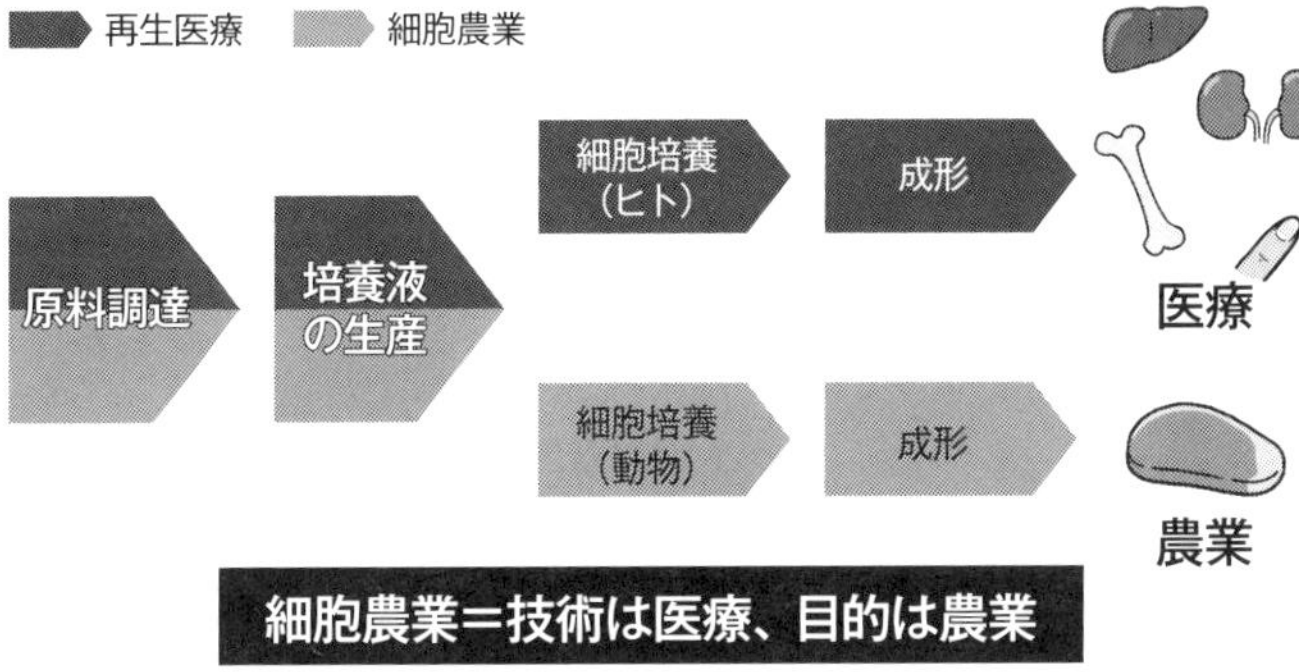

かったため、新しくつくったわけですから。

じつは、それまで培養肉そのものは一部の人の間で知られていたのですが、培養肉を研究する分野の名前がなかったのです。言葉をつくると、そこに意味や具体的な分野ができることになり、細胞農業はリアリティをもって広がりはじめます。

培養肉を生産する**細胞農業の技術は、じつは再生医療とかなり似たところがあります**（図7。このあたりについては第2章でくわしく説明します）。先ほども少し触れましたが、再生医療とは病気やけがで失われた臓器や組織を再生させるため、ヒトの細胞を培養して人体の部品《パーツ》をつくるものです。ウシなどの細胞を培養してお肉をつく

る培養肉と、基本的には共通の技術といえます。

しかし、治療目的の再生医療と食料としての培養肉とでは、やはり細かい作製方法や求められる安全基準が違います。培養肉を研究するための分野を新しくつくり、研究分野として研究費を集めたり人材を育成したりして発展させる必要があるでしょう。ニューハーベストがセルラー・アグリカルチャー（細胞農業）という言葉をつくったのはそのためだと思います。

肉、魚、野菜、果物、コーヒー、レザー、木材もつくれる

農業というと、普通はお米や野菜、果物など「食べるための植物（作物）を育てる」というイメージがあると思います。培養肉のようなお肉をつくることは農業とは違うのでは、という印象をもたれるかもしれません。

『栄養・生化学辞典』（朝倉書店）には、「農業」とは「食品となる植物や繊維、木材、その他生活に有用な物質を提供する植物を栽培したり、家畜、畜産製品、食用魚介類などを生産したり収穫する産業」と書かれています。

つまり**農業とは、植物を育てることに限定しているのではなく、動物肉や魚も含めた食べ物をつくること**、さらには食品だけでなく生活に役立つモノをつくることという、かなり広い範囲のモノづくりを示す言葉なのです。

その農業に、細胞という言葉をつなげれば、**「細胞を培養して（増やして）、食品を含めたさまざまなモノをつくること」が細胞農業**、ということになります。

だから、培養肉は細胞農業の一部にすぎません。乳牛でミルクをつくる細胞を培養すれば、**牛乳**をつくることも可能です。牛肉、豚肉、鶏肉だけでなく、魚の細胞を培養すれば**刺身**だってつくることができます。細胞の培養は無菌状態でおこなうため、アニサキスのような寄生虫による食中毒も心配する必要がないのはすでに述べたとおりです。

また、フグの卵巣《らんそう》には猛毒のテトロドトキシンが含まれていますが、じつはフグ自身がテトロドトキシンをつくるのではありません。海の中で生きている細菌がつくったテトロドトキシンが、エサを介してフグの体内に蓄積していったものです。昔ながらの知恵で、塩と糠《ぬか》に長期間漬けて毒抜きをして食べます。

でも、無菌状態でフグの細胞を**培養してつくったフグの卵巣にはテトロドトキシンが含まれない**はずなので、毒抜きをせずにすみ、新しい調理方法ができるかもしれません。

味や栄養素をオリジナルでデザインすることもできます。**ウシ・トリ・オマールエビの細胞をいっしょに培養してつくったメリメロ（混ぜこぜ）ステーキ、カルシウム増量肉やコレステロール控えめ肉**もできるでしょう。

もちろん、培養でつくることができる食品はお肉などのタンパク質だけではありません。原理的には「細胞からできたもの」なら何でもつくれるので、**植物細胞を培養すれば、穀物だけでなく、野菜や果物をつくることもできる**でしょう。

「桃栗三年柿八年」ということわざがありますが、どれも果樹を植えてから実ができるまでに長い年月がかかることに由来します。しかし、細胞培養なら、**桃も栗も柿も実の部分だけをつくることができる**ので、**実を収穫するまでの期間は圧倒的に短くなります。**

培養によって果物を短時間でつくることが当たり前になった未来では、桃栗三年柿八年ということわざを紹介するとき、「昔は果樹から育てて……」という前提の説明が必要になるかもしれません。

コーヒーは今後、気候変動などの影響で生産地が減ってしまうと危惧《きぐ》されています（コーヒー2050年問題）。フィンランドなどで培養コーヒーに取り組む動きもすでにあります。スイスでは培養チョコレートの研究開発も進んでいます。

細胞農業は、**食品以外のモノも対象になります。**

現在の革製品をつくるために使うレザーは、家畜を食肉処理するときにはがした皮を加工したものです。動物の細胞を筋肉になるように培養してつくるものが培養肉ですが、皮膚になるように培養すればレザーの原料に使うこともできます。**培養レザー製の靴やバッグ、革ジャン**などができたら、一気に広まりそうです。

また、木の細胞から**培養木材**もつくれます。すでに実際につくっている会社がアメリカにあるのですが、森林を伐採しなくても木材がつくれますからとてもエコ。しかも、培養方法によっては継ぎ目がない無限の長さの木材をつくることも理論上可能で、**高さ５００メートルの継ぎ目のない木造高層ビル**が出現するかもしれません。

もう少し想像力を広げてみましょう。これはＳＦ好きな私のお気に入りの想像ですが、地球上の歴史の中で、最も巨大で力のある生物は、おそらく恐竜です。恐竜の筋力は、現代でいえば、ビル建設のときに使われるタワークレーンくらいの力があるでしょう。**恐竜の脚を細胞培養でつくってクレーンの一部に組み込めば、恐竜の筋肉で鉄筋を持ち上げる**

という、生物と機械のハイブリッドマシン「ダイナソー・クレーン」の誕生です！
オーストラリアの培養肉企業は２０２３年3月、絶滅したマンモス（ケナガマンモス）の細胞を使った培養マンモスミートボールを作製したと発表しました。まだ発表だけで食べられませんが、香りはワニ肉のよう、とのこと。マンモスは恐竜より後の時代ですが、マンモスも恐竜の肉もどんな味がするのでしょうか。

このように**細胞農業には、いまの私たちには想像もつかないような用途があります。**ちょっとワクワクしてきませんか。
細胞農業というと、細胞単位で何かをやるという印象をもたれるかもしれませんが、実際には人間よりも巨大なモノをつくることだって将来は可能になります。そのため、もう少しイメージしやすく簡単な言葉で言い換えるなら、生物の細胞を使った「**なまものづくり**」と覚えてもらってもいいと思います。

細胞農業は「第6の生産方法」

細胞農業は次世代の生産方式ですが、次世代と呼ぶからには過去の世代を知っておく必要があります。これまでにどのような生産方式があるのか、ここで食料生産の歴史を振り返ってみましょう。

第1の生産方法は「狩猟」です。生産と呼んでいいのか、人によっては違和感を覚えるかもしれませんが、食料確保という意味では間違っていません。動物を狩ったり魚を釣ったりすることが狩猟であり、現在でもジビエや漁業として続いています。野生の果実を採取することもここに含めていいでしょう。

人類に限らず、地球上の生物は基本的に、狩猟でもって食料を確保してきました。一狩りいこうぜ*。

しかし、狩猟はそのつど、狩りに出かけなければならず、危険も伴います。食料が確実に手に入る保証もありません。人類が集団生活を始め、集団の規模が大きくなると、先を見通して食料を確保する必要が出てきました。

そこで、植物を計画的に育てる**「栽培」という第2の生産方法**が登場します。多くの人が「農業」という言葉から連想する風景です。小麦や稲といった炭水化物だけでなく、果物や野菜からのビタミンとミネラルも安定的に供給できるようになります。

＊アクションゲーム『モンスターハンター』(『モンハン』)シリーズの代表的キャッチコピー

栽培という生産方法が確立するということは、人々は栽培用の土地を確保するということでもあります。つまり、その地に定住するようになり、村と呼ぶべきコミュニティが生まれることになります。『シヴィライゼーション』*のゲームスタートです。

栽培によって炭水化物とビタミン、ミネラルが確保できると、五大栄養素でいえば残る2つの栄養素、タンパク質と脂質も安定的に確保する手段を次に考えることになります。そうして**「飼育」という第3の生産方法**が生まれました。

これまで狩猟によって動物や魚の肉を手に入れていたところを、人類社会の中で安定的に、かつ大量に生産しようというのが飼育です。ウシ、ブタ、トリなどが世界で飼育されるようになり、人類社会は大きく発展します。もちろん、飼育には**魚介類の「養殖《ようしょく》」**も含まれます。

狩猟、栽培、飼育、いずれの方法にしても生き物である以上、そのまま放置していると腐ってしまい、保存期間に限界があります。天変地異によって栽培中や飼育中の生物がやられてしまう可能性もあるので、いざというときのための保存食という需要も出てきます。そこには、そのままでは食べられないようなものをなんとかして食べられるようにしようという、昔の人々の食い意地もあったのでしょう。

＊歴史に名を馳せた指導者の１人として文明を築き、世界の覇者を目指す世界史シミュレーションゲーム

そうしたことから生まれた**第4の生産方法が「醸造《じょうぞう》」**です。食品を微生物の力によって別の食品に変化させる方法です。

味噌《みそ》や納豆など発酵《はっこう》食品と呼ばれるものや、ワインや日本酒などのお酒の生産方法が醸造です。かもすぞ。**

狩猟、栽培、飼育、醸造の4種類が長らく食料生産方法としてあり続けていましたが、1960年代になって第5の生産方法「合成」が現れます。これはあまり聞きなじみがない言葉かもしれません。

石油由来のパラフィンという物質を石油酵母に分解させると、石油タンパクというタンパク質がつくられるというものです。ただ、当時は消費者団体などから安全性を懸念《けねん》する声が多く寄せられ、あまり日の目を見ることはありませんでした。

そして！　**第6の食料生産方法**として想定されているのが**「培養」**です。植物や動物そのものを育てる栽培や飼育とは異なり、植物や動物の「細胞」を増やして食べ物としてつくる、すなわち細胞農業です。

どうでしょう、スムーズなつながりを感じていただけたでしょうか。あるいは第6の方

＊＊『もやしもん』（石川雅之著のマンガ）に出てくるセリフ

法からいきなり飛躍した、と感じられたでしょうか。しかし、個人的には、そう突拍子もない流れではないと思っています。

第3の方法である魚介類の「養殖」では、天然ものに対して、養殖マグロ、養殖ハマチ、養殖カキなど、養殖ものが一般的になっています。食料ではありませんが、人工ダイヤモンドもいまでは天然ダイヤモンドとほとんど区別がつかなくなり、お手頃価格のアクセサリーとして普及しています。

それと同じように、培養肉も将来的には、天然お肉か、培養お肉かという程度の区別で受け入れられていくのではないかと予想しています。

また第4の「醸造」では、現在、ビールやお酢などが工場で生産されているのは、みなさんもご存じのことでしょう。試飲付きのビール工場見学などは「できたてのビールが飲める」と大人の社会科見学ツアーとしてけっこう人気のようです。

生産工場にはビールを醸造する大型タンクがありますが、あれがバイオリアクター（生物反応槽《そう》）。酵母など微生物や細胞、酵素などによる反応を利用して、物質の生産・分解・変換などを連続的におこなう装置です。日本酒の杜氏《とうじ》が使う木製の仕込み樽《たる》（木桶《きおけ》）やワインの発酵タンクがありますが、あれも機能面からいえばバイオリアクターです。

「リアクター」という言葉はSF好きの人にはウケそうですが、なにやら恐ろしく聞こえる人もいるかもしれません。バイオリアクターは発酵タンクですから、ご安心ください。培養肉もこのバイオリアクターを使って細胞を培養します。細胞培養と聞くと、すごいハイテクな装置を使ったイメージがわくかもしれませんが、じつはそう変わったものではないのです。

各国で開発が進む細胞農業・培養肉の現状

それでもまだ細胞農業の市場イメージがわかないという方に、世界を見渡してどのような細胞培養のスタートアップ企業や団体があるのか、いくつか紹介します。

シンガポール、アメリカ、イギリス、ドイツ、フランス、イスラエル、オランダ、中国、韓国、オーストラリアなど世界各国で培養肉に取り組む企業があります。

特にアメリカでは約40社の細胞農業スタートアップがひしめきあっており、品質や価格をめぐって競争がおこなわれています。

▼New Harvest（ニューハーベスト）

アメリカに拠点を置く、2004年に設立された世界的なNPO団体。将来の食料不足を解決するため、肉に限らずミルクや卵なども含めた細胞農業の発展と普及を目的としています。細胞農業を研究・開発する世界中の大学やスタートアップ企業に資金提供をおこない、細胞農業の分野に投資家や人材を集める活動もおこなっています。現在の細胞農業分野において世界的権威をもっており、細胞農業の情報が最も多く集まっている団体です。

▼Mosa Meat（モサ・ミート）

2016年に設立されたオランダの企業。共同設立者で最高科学責任者でもあるマーク・ポスト（オランダ・マーストリヒト大学教授）は、培養肉開発史で紹介したように世界で初めて培養肉のビーフパテをつくったことで知られています。2021年には俳優のレオナルド・ディカプリオから出資を受けたことでも話題になりました。

▼UPSIDE Foods（アップサイド・フーズ）

2015年設立の米国企業で、当時の社名はMemphis Meats（メンフィス・ミーツ）。

２０１６年には培養肉からつくったビーフミートボール、翌年には培養鶏肉と培養鴨肉を発表し、コストダウンにも力を入れています。２０２１年に現在の社名に変更しました。同社の培養鶏肉製品は、２０２２年に米国食品医薬局（ＦＤＡ）による初の安全性認証を取りました。このことについては第6章でくわしく解説します。

▼Eat Just（イート・ジャスト）

２０１１年設立の米国企業で、現在シンガポールで販売されている培養肉チキンナゲットの製造販売元です。２０２３年には、シンガポールにアジア最大規模となる培養肉生産施設を稼働する予定としています。また、培養肉だけでなくプラント（植物）ベースの食品も製造しており、すでにプラントベース卵液とマヨネーズを販売しています。

▼Wildtype（ワイルドタイプ）

魚介類の細胞農業を開発しているスタートアップ企業で、米国にて2016年に設立。米国の寿司バーやカジュアルレストランと提携しており、まずは培養サーモンの販売を目指しています。ウェブサイトのトップページにはサーモン寿司の写真があり、刺身文化のある日本への進出もありそうです。

▼Shiok Meats（シオク・ミーツ）

２０１８年にシンガポールで設立された企業で、ワイルドタイプと同じくシーフードの細胞農業を開発しています。特にエビやカニなどの甲殻《こうかく》類の培養シーフードの開発に注力しています。じつは私はエビアレルギーなので、培養エビを食べられる日が来るのかわかりませんが……。

▼Perfect Day（パーフェクト・デイ）

２０１４年に設立され、米国に拠点を置いてウシから搾《しぼ》る必要のないミルクの細胞農業に取り組んでいます。ミルクの生産に必要な遺伝子を酵母に組み込み、バイオリアクターの中でミルクの成分を生産します。植物由来の脂質などを混ぜることでウシのミルクと同じ成分をもつ飲料ができ、中身も味も、もはやウシのミルクと同じです。これは精密発《せいみつはっ》酵《こう》という技術です。

このミルクからつくったアイスクリームを、私は食べたことがあります。アメリカンテイストな風味でしたが、普通のアイスクリームとの違いはほとんどないほどの完成度でした。

▼The EVERY Company（ザ・エブリ・カンパニー）

２０１５年にClara Foods（クララ・フーズ）という社名で、細胞農業で卵白をつくることを目的として米国で設立され、その後現在の社名に変更しました。パーフェクト・デイと同じ精密発酵で、卵白に必要な成分をつくる遺伝子を酵母に組み込ませてつくります。

▼Modern Meadow（モダン・メドウ）

２０１１年に米国で設立され、食品ではなく素材開発をメインとした細胞農業の研究開発をおこなっています。製品化はまだですが、培養レザーの開発に力を入れています。

日本も培養肉の開発をがんばっている

日本では海外ほどではないものの、培養肉の開発に取り組む企業や団体があります。私が関与しているものも含めていくつか紹介します。

▼日清食品

「培養ステーキ肉」の実用化を目指し、2017年度から東京大学の竹内昌治《たけうちしょうじ》教授と共同で研究をしています。2022年に作製した培養肉は研究関係者が試食しています。肉が立体的になるよう、食用血漿《けっしょう》ゲルというものを使って細胞が育つ足場となるものをつくっています。2025年3月までに、厚さ2センチ、幅7センチ、奥行き7センチの大型立体筋組織を目指すとのことです。

▼インテグリカルチャー

私と川島一公《かわしまいっこう》が共同で創業し、私が代表取締役CEOを務めています。くわしい技術は第4章で説明しますが、「カルネットシステム」(CulNet system)という培養技術を開発し、将来的にお肉1キロを200円でつくれる試算です。2023年2月に発表した培養フォアグラも、このカルネットシステムでつくったものです。

▼Shojinmeat Project（ショージンミート・プロジェクト）

２０１４年、「自宅でつくるオープンソース純粋培養肉」をコンセプトに私が立ち上げた有志団体で、いわゆる同人サークルです。オープンソースとは元はＩＴ用語で、プログラムの内容を無料で公開して誰もが自由に改良できるようにする取り組み方をいいます。Shojinmeat Project はプライベートで購入できる食材と機器で細胞を培養する、その成果はすべてオープンにする、誰でも参加できる、といったことが特徴で、ＳＮＳでやりとりしたり、コミケなどで同人誌をつくって成果を発表したりしています。

技術的な成果の一部はインテグリカルチャーに引き継がれ、普及活動や議論の場はＮＰＯ法人の日本細胞農業協会も請け負っていますが、Shojinmeat Project 自体は現在も活動を続けています。活動の発端は第３章に、おもな成果は第４章で紹介します。

培養肉、安定供給までの道のり

国内外で培養肉の実用化を目指す企業・団体がありますが、実際のところどれくらい盛り上がっているのでしょうか。たぶん、多くの関係者は「まだまだ、そんなに盛り上がっていない」と答えると思います。

個人的な見解になりますが、**日本ではこれから注目のピークを迎えようとしているところ、**そして**海外のベンチャーキャピタルの間では注目のピークを超えてしまって盛り下がっているところ、**と考えています。

新技術の話題の盛り上がりや成熟度、普及度をシンプルに表現したモデルに「ハイプ曲線（ハイプ・サイクル）」というものがあります。デジタル分野のマーケティング・コンサルティング会社である米ガートナー社が考えたもので、**新技術は5つの段階を経て普及する**としています（図8）。

1　黎明期《れいめいき》

新技術による応用例が登場したばかりの段階。プレスリリースやイベントなどで「世界初」のようにアピールされ、技術の存在そのものが世間に認知されるようになります。

2　流行期

次々と成功事例が増え、世間の関心が高まる一方で、過度な期待も寄せられる時期。企

図８　培養肉のハイプ曲線

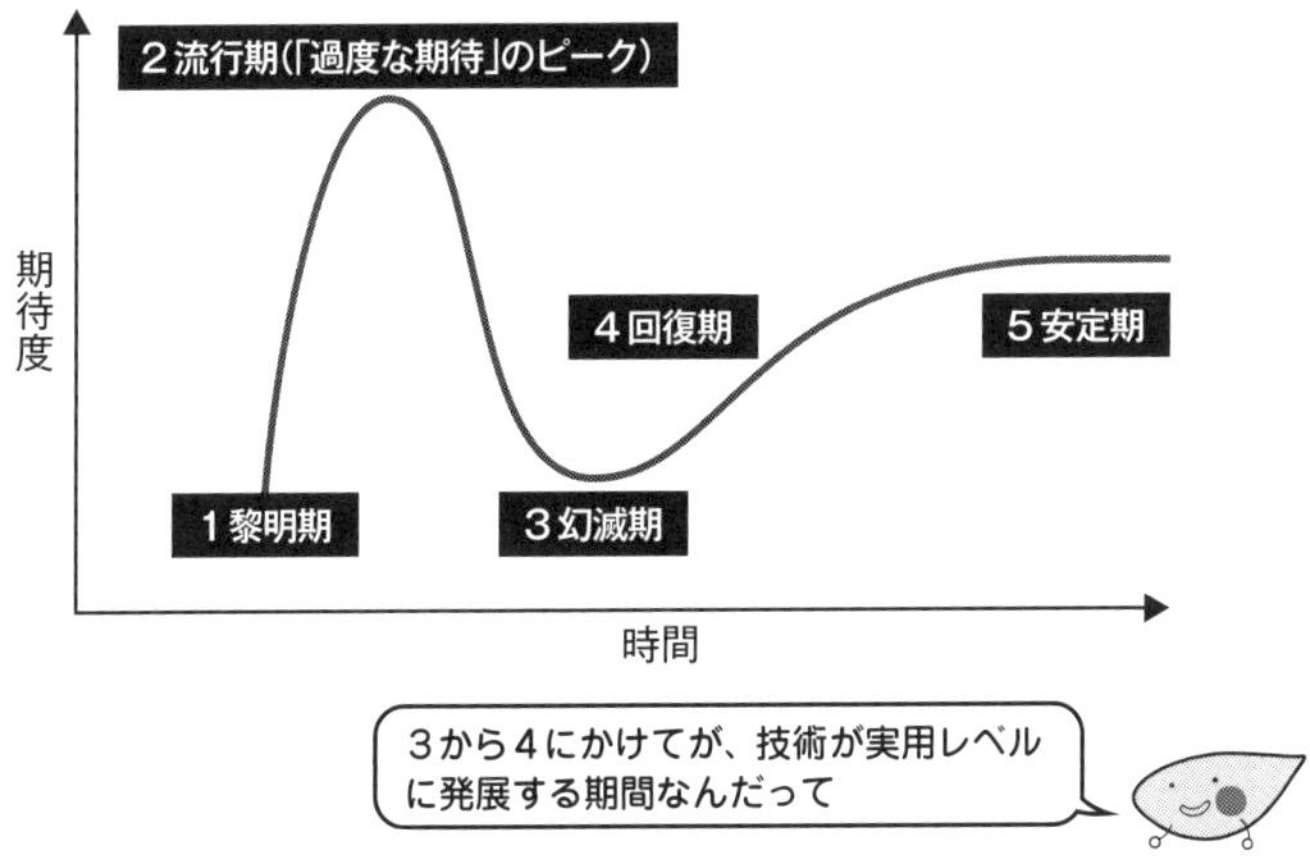

業や団体も、勢いに乗ろうとして誇張表現しがちになり、プレスリリースでやたらと注釈や条件付きが目立つ時期でもあります。「誇張、誇大広告」は英語でhype（ハイプ）といい、ここでのハイプを経営者が切り離して考えることで重要な決定を下すことができるとされています。

３　幻滅期

世間の過度な期待（低価格化や高性能化など）に応《こた》えられず、急速に世間の関心がうすれ、メディアから見放されて報道されなくなる段階。冬の時代のようなものです。

4 回復期

世間からの関心が低くなっても愚直《ぐちょく》に技術を磨《みが》き上げ、実用化に耐え得るレベルにまで技術が発展する段階。

5 安定期

技術が安定的に供給され、いつの間にか世間でも広く受け入れられるようになります。

太陽光発電の産業は、このハイプ曲線をたどったものです。黎明期から流行期にかけて「自然エネルギーで電力をまかなえる」と関心を集めましたが、高いコストや発電効率の悪さから期待外れとされました。幻滅期への突入です。しかしその後、中国企業による価格破壊や、技術の進歩によって発電効率が上がり、当初の予想を上回るペースで普及していきました。

培養肉も、おそらく同じ道をたどっていくと考えています。今後数年でさまざまな企業から培養肉に関するプレスリリースが出てくるでしょう。しかし、値段が高い、供給量が少ないなどの問題点に注目が集まるようになり、期待外れだったとして下火になる時期がやってきます。

ただ、**それでも技術開発を諦めないところが生き残り、**回復期を経て安定期に入る、つまり**培養肉を手頃な価格で安定供給できるようになる、**と考えています。

さらに**産業化が進むと、ビールのように巨大な工場で生産される**ようになり、一方で初期投資の**低価格化によってクラフトビールのように小さい企業や地域、または個人事業主でも培養肉がつくれる**ようになると想像しています。

第２章

ざっくりわかる 細胞と培養の基礎知識

人間の体は37兆個の細胞が支えている

第1章ではさんざん「細胞」だの「培養」だのと熱く語ってしまいましたが、ちょっと冷静になって、ここで細胞や培養について、基本的なことを説明します。

細胞は中学校の理科の授業で習っていると思いますが、遠い記憶の彼方《かなた》に消えてしまっているかもしれません。でも、細胞だけで本が何冊も書けるくらい魅力的な存在なので、せっかくの機会ですから、さらりとおさらいしてみましょう。

お肉も野菜も細胞からできているので、細胞のことがわかると**「お肉を食べるということは細胞を食べている」「魚を食べるということは細胞を食べている」「野菜を食べるということは細胞を食べている」「果物を食べるということは……」**という感覚に変わるでしょう。

そして、細胞がわかると、培養のこともわかるようになります。

細胞とは、生物が生物として生きていくための最小単位です。一つ一つの細胞はとても小さく肉眼では見えません（79ページ図9上参照）。その小さな細胞がたくさん集まって、羽生雄毅なら羽生雄毅という人間が成り立っています。これは人間に限らず、ウシ、ニワトリ、イワシ、エビ、ハチなど、すべての生物に共通しています。

たとえるなら、日本という国家が1億人以上の国民から成り立っているようなものです。一人一人が日々活動をして経済を回すことで、日本は存在し続けています。同じように、目に見えないくらいの大きさの細胞も一個一個がつねにはたらいています。文字どおり「はたらく細胞*」というわけです。

日本は1億人以上の国民に支えられていますが、人間を支える細胞は約37兆個です。**日本の総人口の30万倍以上の細胞が集まって、みなさんの体はできている**のです。

細胞の誕生、分裂、分化、そして死

さて、みなさんにも人生があるように、細胞にも人生（細胞生？）があります。

細胞の始まりは「受精卵《じゅせいらん》」という、たった1つの細胞です。人間のように大量の細胞が集まって複雑な体をつくっていても、最初はたった1個の細胞です。

＊人体で奮闘する細胞たちを擬人化した清水茜著のマンガ

その細胞は、「分裂《ぶんれつ》」によって2個に分かれ、また分裂して4個に、さらに分裂して8個に……と倍々で増えていきます（図9下）。

しかし、ただ分裂するだけでは、同じ種類の細胞が増え続けるだけ。自分の体を見てみると皮膚《ひふ》や筋肉、さらに体の中を想像すると胃腸や脳、心臓など、機能がまったく違う組織から成り立っています。ということは、どこかの段階でそれぞれの部位や組織に「専門化」する必要があります。

その**専門化のことを「分化《ぶんか》」**といいます。皮膚の細胞なら、平べったくなって表面を覆《おお》うようになります。筋肉なら細長くなり、腕や脚を曲げられるように収縮する機能をもっています。脳の中などにある神経細胞はさらに細長い形をしていて、電気信号と神経伝達物質を使って情報のやりとりをするという特別な性質があります。

人間社会では人によって仕事が違うように、**細胞もそれぞれによって違う仕事やはたらきをもっています。**

そして、人生に終わりがあるのと同じように、細胞にも終わりがあります。

少し汚い話になりますが、お風呂にずっと入らないでいると、皮膚には垢《あか》が浮いてきま

図9 細胞の基礎知識1

〈細胞の構造〉

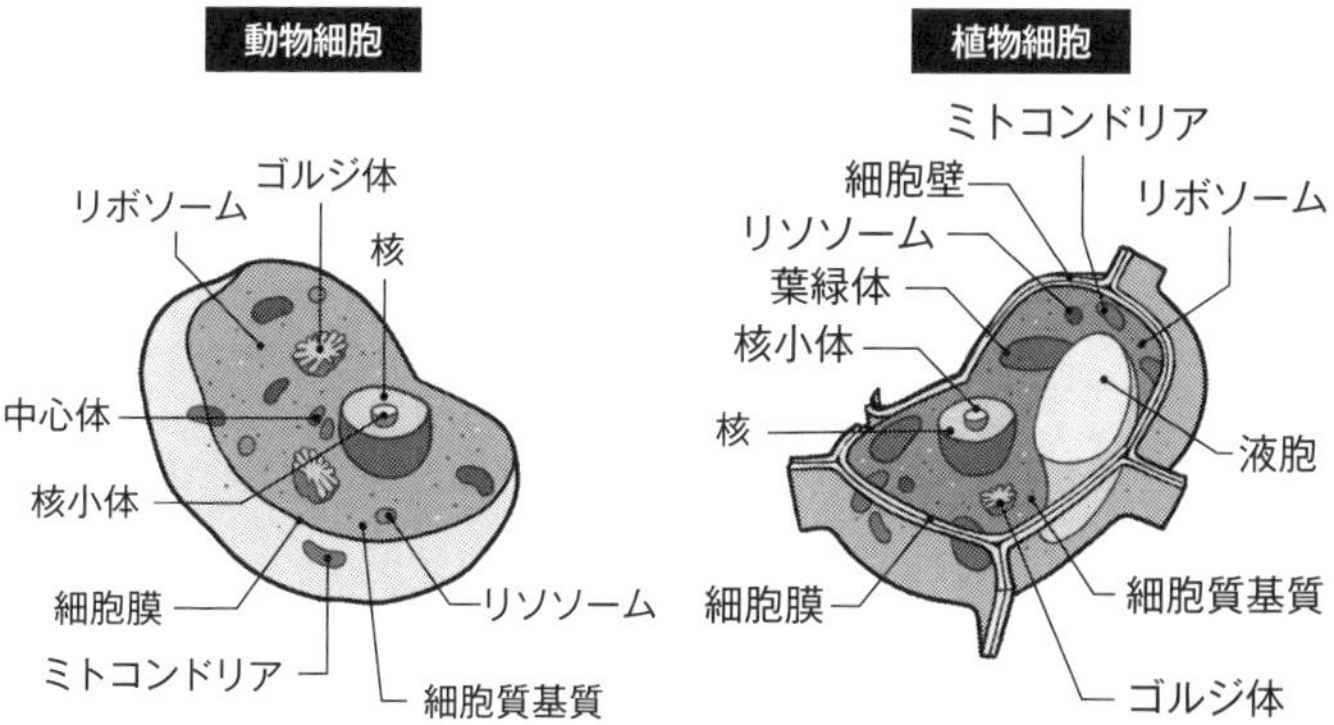

大きさは細胞によっていろいろだけど、動物細胞だと直径10〜100マイクロメートル、植物細胞だと15〜70マイクロメートルくらいだって

〈細胞の一生〉

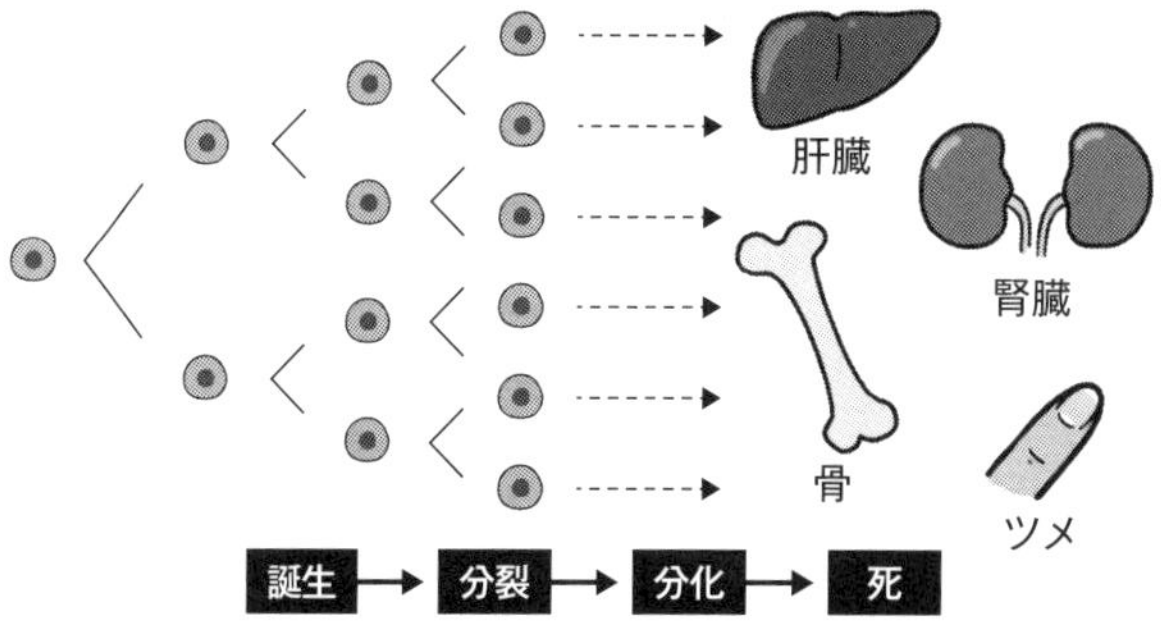

古い細胞は死に、新しい細胞に入れ替わる

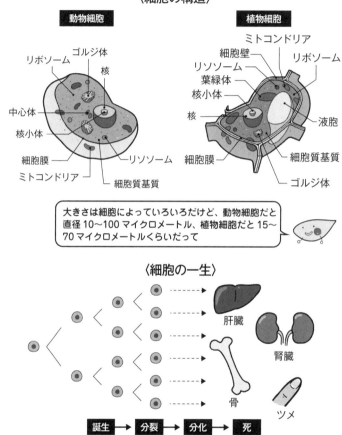

す。垢は、古くなって皮膚表面からはがれた細胞と汗や皮脂《ひし》が混ざったものです。

皮膚の細胞は一生涯《いっしょうがい》同じものではなく、古いものは表面からはがれていき、その分、皮膚の奥にある細胞が分裂して、はがれた分の細胞を補充しています。これも人間社会と似たようなもので、お年寄りが亡くなっても新しい子どもが生まれることで、国の人口は**だいたい一定の数に保たれている**のと同じです。

細胞の寿命《じゅみょう》、言い換えると**細胞が入れ替わるサイクルは細胞の種類によって違います。**皮膚は1カ月くらいですが、腸《ちょう》の表面の細胞はわずか数日、逆に血液の中にある赤血球は4カ月くらいです。

細胞が生きるために食べるもの

人間が食べ物を食べないと生きていけないように、細胞も食べ物を食べて生きています。いえ、むしろ順番は逆で、**細胞が食べ物を欲しているからこそ、人間は口から栄養をとっているのです**（状況によっては点滴など他の方法もありますが）。

では、細胞はどうやって栄養をとっているのでしょうか。人間の体であれば、**細胞の**

栄養供給源は血液と、血管からしみ出した液です。この液の中には、ブドウ糖、アミノ酸、脂質《ししつ》などが含まれています。

ブドウ糖は細胞の中でさらに細かく分解され、エネルギー源として使われます。

その次のアミノ酸は、タンパク質の材料になります。タンパク質は、細胞分裂や筋肉の収縮など、細胞や生物のあらゆる活動に必要な物質です。

最後の脂質は、人間にとっては肥満の原因となる憎っくき敵ですが、食べ物が十分にないときのためにエネルギー源として保管する、大切なものです。それだけでなく、細胞を囲む膜《まく》（細胞膜）の原料でもあるので、細胞が生きていくために必要な成分です。

ブドウ糖とアミノ酸、脂質の3つが、細胞が直接必要な栄養成分です。さらに、ビタミンやミネラルも細胞や人体が生きていくうえで必要です（五大栄養素）。

健康のために**ブドウ糖**（食べ物としては炭水化物）、**アミノ酸**（タンパク質を分解したもの）、**脂質、ビタミン、ミネラルをバランスよく食べることが大事といわれているのは、人間だけでなく細胞にとっても必要不可欠な栄養成分**だからです（83ページ図10上）。

手紙をやりとりし、コミュニケーションする細胞

もう少しだけ、人間社会と細胞のたとえ話にお付き合いください。

人間は一人だけで生きていくことは基本的に不可能で、会社でも学校でも必ず誰かと一緒に生活しています。一人で仕事をしているという人でも、仕事を依頼してくれる相手は必ずいますし、食料品や電気などは他の誰かがつくってくれたものを利用しています。

細胞も似たようなもので、**他の細胞からいろいろなものを受け取り、受け取ったものに応じて自分の行動を変えています。**受け取る物質のことを「シグナル物質」といいます。シグナルとは信号や合図という意味で、このシグナル物質があったら自分はこうしようという合図になるものです。

たとえるなら、**シグナル物質は「手紙」**です。差出人が「こうしてほしい」ということを書いたものを別の細胞に届け、受け取った細胞がその指示に従うようなものです（図10下）。

シグナル物質の代表例はホルモンです。ホルモンといっても焼肉屋さんで食べるもので

図10 細胞の基礎知識2

〈細胞の“食べ物”〉

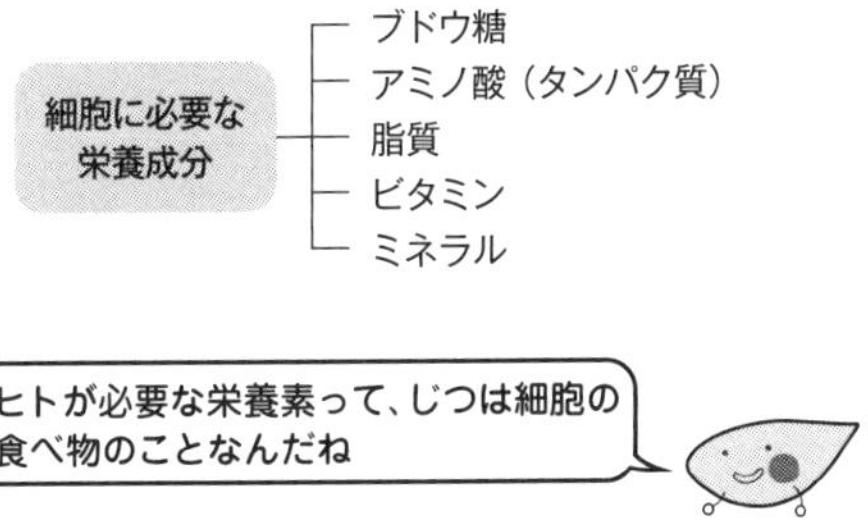
細胞に必要な栄養成分
ブドウ糖
アミノ酸（タンパク質）
脂質
ビタミン
ミネラル
ヒトが必要な栄養素って、じつは細胞の食べ物のことなんだね

〈細胞間コミュニケーション〉

成長しなさい
はい、増殖します！
シグナル物質
例：成長ホルモンなど
細胞A
細胞B

細胞Aから「成長しなさい」というシグナル物質（この場合は成長ホルモン）を受け取った細胞Bは成長（＝増殖して骨や筋肉をつくる）を開始する

成長ホルモンなど細胞が増える役割のシグナル物質を「成長因子」っていうんだって

はなく（焼肉屋さんのホルモンは腸など、内臓全般を指すようです）、ホルモンバランスとかホルモン分泌《ぶんぴつ》という言葉で使うホルモンです。ある細胞から放出され、血液などの中を流れて遠く離れた細胞に届きます。

運動などで興奮《こうふん》するときにはドーパミンというホルモンが脳内で分泌され、セロトニンというホルモンは眠気に関わるなど、名前だけでも聞いたことのあるホルモンは多いと思います。

筋肉に関わるホルモンもあります。**「成長ホルモン」というホルモンは、**その名のとおり体の成長をうながすもので、具体的には**骨や筋肉をつくらせる合図**となります。

ほかにも、皮膚で細胞分裂をうながす物質や、肌に弾力を与えるコラーゲンをつくらせる物質など、**細胞を増やしたり体が大きくなったりできるよう、成長ホルモン以外のシグナル物質もたくさんあります。**

成長ホルモンも含めて、細胞を増やす効果のあるものを「成長因子《いんし》」といいます。いろいろ出てきてちょっとややこしくなったかもしれませんが、ものすごく簡単にまとめると、**細胞は成長因子を受け取ると細胞分裂を引き起こして、やがて体が大きくなる、**と考えてもらえれば大丈夫です。

人間のような多細胞生物は、細胞1個だけではほとんど何もできません。細胞はつねに協働し、他の細胞から成長因子をはじめとするシグナル物質を受け取って自分の役割を果たし、場合によっては自分もシグナル物質を放出して他の細胞に指示を出します。

こうした細胞同士のやりとりを、研究者はよく「**細胞間コミュニケーション**」と表現します。

私たちも、何かをするとき、コミュニケーションをとってまわりの人と歩調を合わせています。

もちろん人によって多少の得意不得意や、コミュニケーションをとる相手の人数は変わると思いますが、じつはこの点も細胞は人間に似ています。一方的に指示をもらうだけの細胞もあれば、脳の神経のように体全体に指示を出す細胞もいます。

この**細胞間コミュニケーションは、培養肉をつくるときに重要なポイント**になるので、コミュニケーションという言葉だけでも覚えておいてください。

筋肉をつくる3つの細胞——筋繊維、脂肪細胞、サテライト細胞

前置きが長くなってしまいましたが、いよいよ培養肉のことをお話ししていきたいと思います。まずは、肉のことを考えてみましょう。

みなさんがふだんから食べているお肉は、どのような細胞が集まったものだと思いますか。言い換えると、牛肉や豚肉の赤いところは、ウシやブタのどこなのでしょうか。

そう、筋肉です。**牛肉も豚肉も鶏肉も、マグロなどの赤身も筋肉**です。

ただ**この筋肉、じつはおもに3種類の細胞が集まってできている**ことは、意外と知られていないかもしれません。3種類の細胞とは、筋繊維《きんせんい》、脂肪細胞、サテライト細胞です。一つずつ見ていきましょう。

筋肉をつくる細胞の1つ目は、筋繊維です（88ページ図11上）。筋繊維は、みなさんが目にする赤身肉の赤いところです。繊維という言葉が入っているように、糸のように細い形をしていて、それが一方向にそろって並んでいます。

厳密にいうと、繊維の1本1本が1個の細胞ではなく、「筋《きん》細胞」という名前の細胞が

細長くなり、融合（合体）して1本の筋繊維になります。この細長い筋繊維があるからこそ、お肉ならではの噛《か》みごたえがあるわけですね。

また、筋繊維にはタンパク質が豊富にたまっていて、タンパク質が分解されるとうまみの原因であるアミノ酸ができるので、お肉の味そのものにも関係します。

筋肉をつくる細胞の2つ目は、脂肪細胞です。文字どおり脂肪をため込んでいる細胞で、お肉では脂身《あぶらみ》と呼ばれる部分です。牛肉では、赤身の中に網目のように白い部分が混じっているところを「サシ」といい、赤身の間にサシがきめ細かく入っている牛肉を「霜降り肉」といいますが、**サシの正体が脂肪細胞**です。

赤身だけでは歯ごたえが固くパサパサになってしまうところに、やわらかさやジューシーさをもたらすのが脂肪です。歳《とし》をとって脂《あぶら》っこいのが苦手という人もいると思いますが、ほどよい脂身もまたお肉のおいしさに関係します。

そして、**筋肉をつくる3つ目の細胞は**、ほとんどの人が知らないと思いますが、**サテライト細胞**というものです。じつは、トレーニングで筋肉を鍛《きた》えることに関係する、目立たないけど大切な細胞です。サテライト細胞は筋繊維のまわりに位置しているため、サテライト（衛星）と呼ばれているそうです。

図 11　筋肉をつくる３つの細胞
〈筋肉の構造〉

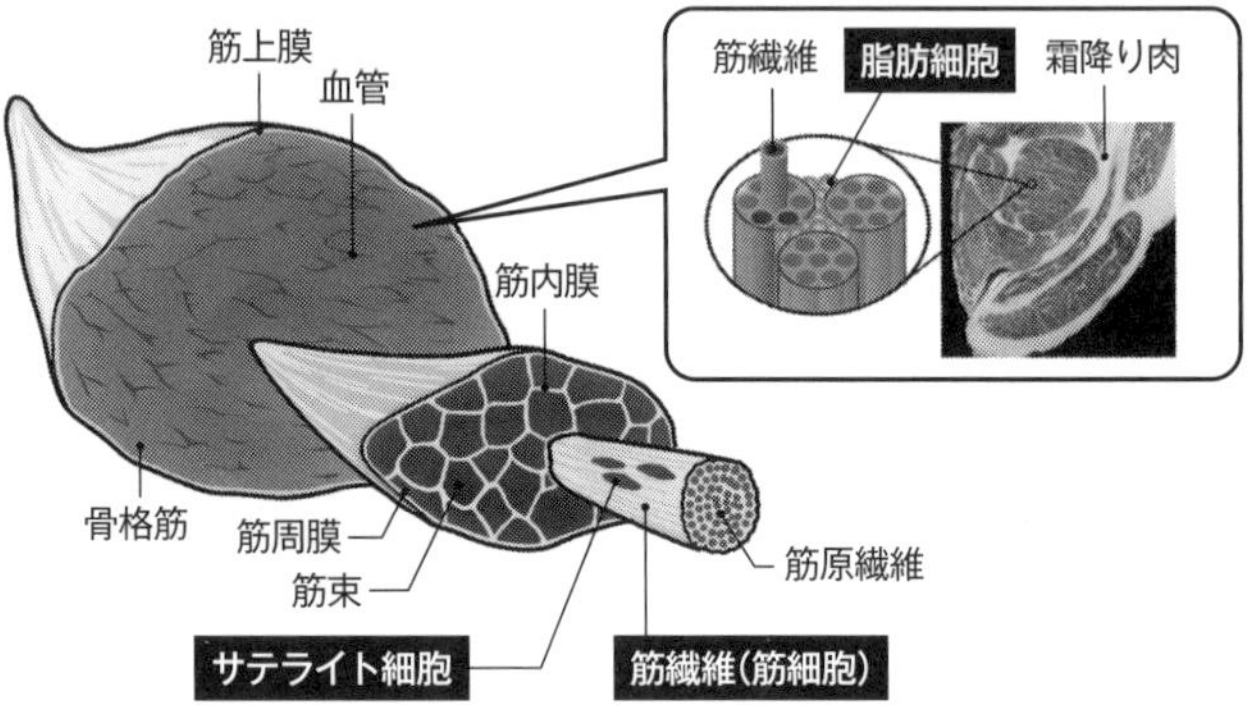

〈サテライト細胞から筋繊維へ〉

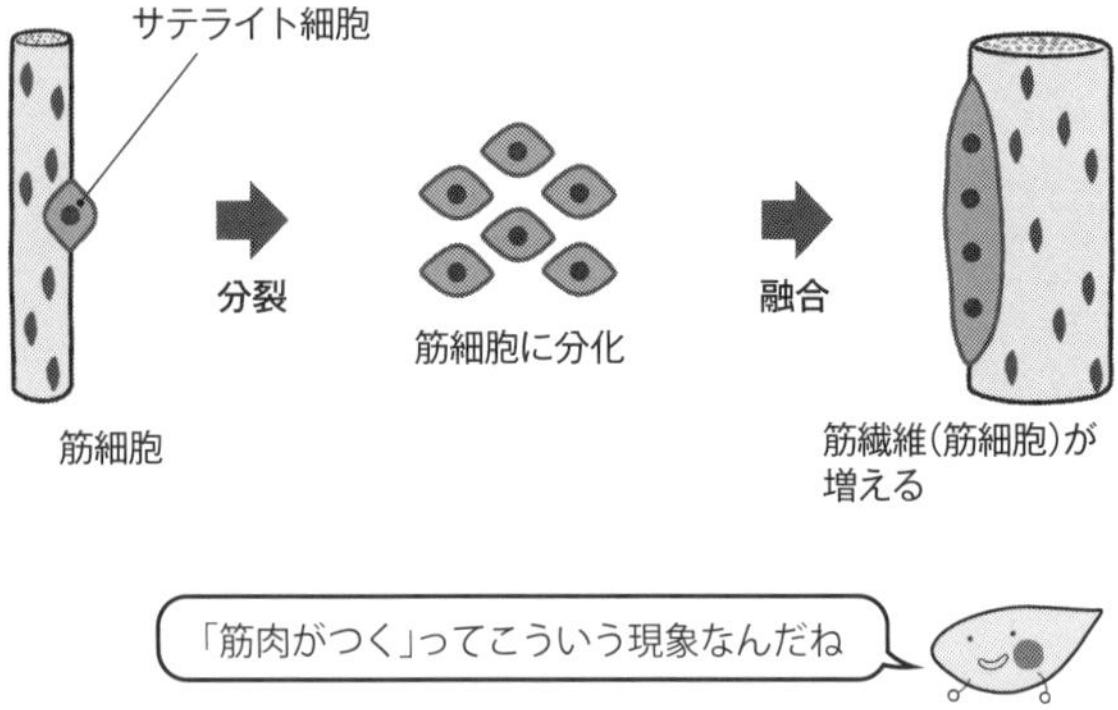

サテライト細胞は、ふだんは特に何もしていないのですが、運動による刺激があるとサテライト細胞が筋細胞に分化して、すでにある筋繊維と融合して筋繊維のサイズが大きくなります（図11下）。筋繊維が大きくなるということは、言い換えれば筋肉量が増えることでもあるので、「筋肉がついた」とか「鍛えられた」ということになります。こうやって裏切らない筋肉*ができています。

「運動による刺激があると分化」と書きましたが、これは特別なことではなく、ごく一般的な現象です。たとえば春になって温かくなると花が咲くようなことと同じで、外界の環境の変化がシグナルとなり、分化のスイッチが押されるわけです。

サテライト細胞は培養肉にとって非常に重要な細胞なので、くわしく書きます。

サテライト細胞は運動などの刺激によって「筋芽《きんが》細胞」という種類の細胞に変化します。筋芽細胞は数回の細胞分裂によって増殖《ぞうしょく》すると、さらに筋細胞に分化し、その筋細胞が細長くなって互いに融合すると筋繊維になります。

まとめると、筋肉は、**筋繊維と脂肪細胞、そしてサテライト細胞**がおもに集まってできています。筋肉が伸び縮みしたり鍛えられたりするのに関わり、さらにおいしさに関係し

＊ NHK『みんなで筋肉体操』に出演する運動生理学者・谷本道哉の決めゼリフは「筋肉は裏切らない」

ます。**培養肉ではこの3種類の細胞が重要な意味をもつ**ので、頭の片隅《かたすみ》に入れておいてください。

ただ実際には、3種類の細胞に栄養を届けるための血管をつくる血管内皮《ないひ》細胞や、筋肉の表面をおおう線維芽《せんいが》細胞など、ほかにも筋肉に関わる細胞があります。

栄養を与えれば体の外でも細胞は増える

ここまで、培養肉のことを考える前に「肉」のことをお話ししました。肉とは筋肉のことであり、筋肉は筋繊維と脂肪細胞とサテライト細胞という3種類の細胞からおもにできていることがわかっていただけたかと思います。

それでは、培養肉のもう一つの言葉である「培養」についてお話ししていきます。第1章では、「培養とは細胞を増やすこと」と書きましたが、もう少しくわしく考えてみたいと思います。

細胞が増えるだけなら、みなさんの体の中でも起きています。髪の毛は毎日抜けていますが、ふだんは気にならないのは、抜けた分だけ根元で新しい細胞ができて新しい毛が伸びてくるからです。根元の細胞が増える以上に髪の毛が抜けるようになると「頭髪が気になってくる」というわけです。

そのため、培養という言葉をより正確に表現するなら、**「体の外で人工的に細胞を増やすこと」**ということになります。

「体の外で人工的に」というところがミソです。スーパーで並んでいるお肉は細胞ですが、放置していたら細胞が増えてお肉が2倍、4倍の大きさになった、なんてことは絶対ありえませんよね。聞いたことがありません。

普通は、体の外に細胞を取り出したら、または本体ともいえる生き物そのものが死んでしまったら、細胞も生き延びることができずに死んでしまいます。なぜ死んでしまうかというと、細胞が生きるのに必要な栄養源を確保できなくなるからです。

体の中では、血液や、血管からしみ出した液体の中にブドウ糖、アミノ酸、脂質などの栄養素が含まれており、これらの栄養素を取り込んで細胞は生き延び、分裂によって増えることができます。体の外に細胞を取り出してしまうと、栄養素が供給されないから死んでしまうのです。

しかし、ここで逆転の発想をしてみましょう。「体の外に細胞を取り出してしまうと栄養素が供給されないから死んでしまう」のであれば、「**栄養素を供給できれば体の外でも細胞は生き延び、分裂して増えることができるはず**」と考えてみます。これが培養という発想です。

このことを考えたのは私ではなく、100年以上も前から多くの先人たちが培養に挑《いど》んでいました。

培養肉に関係する出来事でいえば、1912年の実験があります。研究者の名前はアレクシス・カレル。カレルはフランス出身の医学者で、血管縫合《ほうごう》術と臓器移植の功績がたたえられて1912年にノーベル生理学・医学賞を受賞しました。

同じ年に**カレルが始めた実験が、ニワトリの心臓組織を切り取り、スライドガラスの中で育てる**ことです。医学者として、傷口が治ること、つまり傷口を埋めるために細胞が増えるしくみを細胞レベルで知りたいと思ったからだそうです。

カレルは、ニワトリから細く切り出した心臓組織のまわりを、血液が固まってできた血《けっ》餅《ぺい》を溶かしてつくった液体に植え込みました。この液体が、いまでいう「培養液」であり、細胞にとって栄養供給源となるものです。

培養液の中にある栄養源は無限ではありませんが、培養液を逐一《ちくいち》交換すれば、細胞にとっては無限の栄養素が与えられることになります。

カレルが培養した細胞は順調に生き延び、増え続けることができたそうです。ただ、増え続けると、全細胞の体積も大きくなりスペースを圧迫します。そこで、**ある程度細胞が増えてきたら、一部の細胞を別の場所に移す**ことになります。栽培している植物を増やすときの「株分け」みたいなものです。そうすることで、体の外であっても、いくらでも細胞を増やすことができるのです。

細胞が分裂できる回数には限界がある——ヘイフリック限界

培養細胞は、理論上は無限に増え続け、永遠の時間をかけて生き続けることができるはずです。カレルの実験でも、彼の死後も実験は継続され、細胞は34年にわたって生き続けたと記録されています。

しかし実際にはそうではないことがのちに明らかになり、**細胞が分裂できる回数には限界がある**ことがわかりました。発見者の名前をとって「**ヘイフリック限界**」と呼ばれています。熱心な『新世紀エヴァンゲリオン*』のアニメファンなら、エヴァンゲリオンの再生

＊庵野秀明監督のテレビアニメとその劇場版。巨大な汎用人型決戦兵器エヴァンゲリオンに14歳の少年少女が乗り込んで謎の敵と戦う

可能限界という意味で知っているかもしれません。その元ネタが、細胞の分裂回数の制限です。

ヘイフリック限界が具体的にいくつか、つまり細胞分裂の限界数が何回かは培養方法によって変わるので一概《いちがい》にいえませんが、50回前後といわれています。**うまく培養すれば、70回くらいまで分裂できる**場合もあります。

カレルの実験の場合、途中から培養液として血餅ではなく、受精10日後あたりのニワトリ胎児《たいじ》をすりつぶして細胞を取り除いた抽出液《ちゅうしゅつ》を使っていました。

ニワトリの胎児を使うのは残酷《ざんこく》に聞こえるかもしれませんが、細胞分裂が最も盛んな時期であり、細胞分裂をうながすシグナル物質が大量に含まれているからです。

実験では慎重を期して胎児の細胞を取り除いていたはずですが、当時の技術で完全に細胞を取り除くことは難しく、混ざっていた細胞が追加されたために細胞分裂が無限に続くように見えただけ、といまでは解釈されています。

余談ですが、エヴァンゲリオンの話が出たついでに、一般の方からときどき聞かれるSFチックな疑問にもちょっとお答えしておきましょう。

「細胞をどんどん増やすと、そこに生き物としての意思が生まれたりするんですか?」と聞かれたりします。質問する方は「チキン・ジョージ*」みたいな話を思い浮かべているのかもしれません。

でも、ただ増やしただけでは、50キロになろうと60キロになろうと、それは単なる細胞の塊《かたまり》。**頭や体となるためには、細胞の組織化が起こることが必要**です。異なる種類の細胞がしかるべき組み合わせによって組織、臓器として機能するような形にならないといけません。

また、**細胞が増えてもそこに神経系がなければ意思は持てません。**チキン・ジョージの場合なら、脳神経細胞が固まって、ちゃんと配線ができて、というふうになることが必要。筋肉の細胞を増やしても脳みそや意思は生まれません。

培養肉のつくり方は大きく分けて4段階

お肉は細胞からできていることはわかった、そして培養とは体の外に細胞を取り出して増やすことということもわかった。では、培養肉とは何か、もうみなさんもだいたい想像

＊ SFマンガ『14歳《フォーティーン》』(楳図かずお著)に登場する、ニワトリの頭にヒトの体という謎の生物。鶏肉製造工場の培養槽から生まれた

できるようになったと思います。

培養肉とは、筋肉の細胞を動物の体の外に取り出し、その細胞を培養して増やしたものです。

細胞を培養すること自体は先ほど紹介したように、すでにありふれた方法です。培養する細胞を筋肉の細胞にすれば、培養肉になります。生物学や医学の研究で細胞培養が当たり前の現代では、それほど特殊で難しい技術ではないはずです。

とはいえ、**「言うは易《やす》く行うは難《かた》し」**です。実際にはいくつもの困難があります。ここでいう困難とは、

「どのような細胞を使えばいいのか」

「どのような条件で細胞を培養すればいいのか」

「どのように『お肉っぽい見た目と味と香り』にするか」

など、いろいろあります。

そこで、どのような順番で培養肉をつくればいいのか、まずは大きく分けて4段階の手順を紹介します。

手順1 細胞を用意する
手順2 培養液を準備する
手順3 細胞を培養する
手順4 成形する

手順4は少し意外に感じるかもしれませんが、ここは培養肉ならではのステップといえると思います。細胞の研究だけであれば増えるだけで十分ですが、「肉を食べる」という視点では、噛《か》みごたえも、厚みも含めた見た目（形状）も重要です。広く普及するためには成形が必要不可欠になります。

では、培養肉のつくり方を紹介していきます。第1章では、培養肉を扱う分野を細胞農業という、と紹介しました。そこで培養肉も、畑で育てる農業にたとえながら説明することにします。

手順1 細胞を準備する

普通の農業では、種または苗から作物を育てます。培養肉で育てるのは細胞なので、細胞は種や苗にたとえることができますね。

ただ、どんな細胞でもいいというわけではありません。筋肉をつくることができる細胞、もう少し厳密にいうと筋細胞に分化して筋繊維になる性質をもつ、生きた細胞が必要になります。

「スーパーなどで売っているお肉をそのまま培養すれば？」と思われるかもしれませんが、残念ながらそういったお肉の細胞はすでに死んでいます。お肉を室温に放置したら大きくなった、なんてことはないですよね。細胞として死んでいるため、他の微生物によって分解されて「腐る」、ということになります。

では、どんな細胞を使えばいいのでしょうか。生きていて何にでも分化できる細胞ならよさそうです。

たとえばｉＰＳ細胞は多くの種類の細胞に分化でき、再生医療として使うことを目的に研究されています。筋肉に関係するところでは、筋繊維がだんだん萎縮《いしゅく》してしまう難病「筋ジストロフィー」を治療するためにiPS細胞を活用する研究が進められています。

iPS細胞以外にも、受精卵（正確には受精してから数日後）から取り出してつくる「ES細胞」というものも、筋肉も含めて何にでも分化できます。

iPS細胞やES細胞でも培養肉をつくることは可能です。問題は培養の難易度です。iPS細胞もES細胞も、培養環境を厳密に制御《せいぎょ》しないと、ほかの種類の細胞に分化して、増殖をやめてしまいます。かといって、培養環境を厳密に制御しようとすると、グラム単位で数千万円かかるなど、極端に高額になってしまいます。

そこで、筋肉をつくる細胞が3種類あることを思い出してください。筋肉にはおもに筋繊維と脂肪細胞とサテライト細胞の3種類が含まれています。このうち、サテライト細胞は筋トレと関係するものであり、「運動による刺激があるとサテライト細胞が筋細胞に分化して、すでにある筋繊維に融合して筋肉のサイズが大きくなります」と紹介したことを覚えているでしょうか。

ポイントは「サテライト細胞が筋細胞に分化できる」ということです。そう、**サテライ**

ト細胞があれば、培養によって筋細胞をいくらでもつくることができるというわけです。

もう少しくわしく書きます。じつは、**筋肉をおもに構成する筋繊維は細胞分裂することができない**という特徴があります。そのため、筋繊維を取り出しても、培養によって増やすことができないのです。だからこそ、**細胞分裂ができ、しかも筋細胞に分化できるサテライト細胞を使う**ことになります。

サテライト細胞は筋繊維のまわりに接着しています。筋繊維1本あたり数十個くらいのサテライト細胞が周囲にくっついている、とイメージしてください（88ページ図11参照）。生きた動物から、皮膚の下にある筋肉を少しだけ採取します。そこからサテライト細胞だけをさらに取り出して、ようやく培養肉の材料の準備が整います。

手順2 培養液を準備する

培養肉の材料であるサテライト細胞が準備できたところで、次はこの細胞を増やすための培養液を準備します。農業でいえば、苗を植える土を用意する段階です。

もう一度、培養のことをおさらいします。培養とは、体内と同じような環境を体の外に用意して、栄養素を与えることで細胞を増やすことです。栄養素とは、エネルギー源となるブドウ糖、タンパク質を構成するアミノ酸、エネルギー源や細胞膜となる脂質、その他ビタミン、ミネラルなどです。

こうした栄養素が入っている液体を培養液といい、培養液の中に細胞（今回の場合はサテライト細胞）を入れて培養します。

畑の土が悪いと作物が育たないように、培養液の栄養素のバランスが間違っているとうまく細胞が増えてくれません。そのため培養液には、最適な栄養素の配合バランスというものがあります。

そのバランスになるように毎回自分たちでつくるのもいいのですが、配合が決まっているのであれば、あらかじめ混ざったものを業者から買うのが手っ取り早くすみます。

こうした、**買ってすぐに使える培養液のことを「基礎培地《ばいち》」**といいます（次ページ図12）。

基礎培地はいろいろな業者から販売されています（もちろん普通のスーパーでは売っていません。研究機関が専門業社と取引して購入します）。業者や製品によって配合は多少違いますが、細胞培養に必要なブドウ糖、アミノ酸、脂質、ビタミン、ミネラルなどがバランスよく入っています。

図12　一般的な培養液の中身

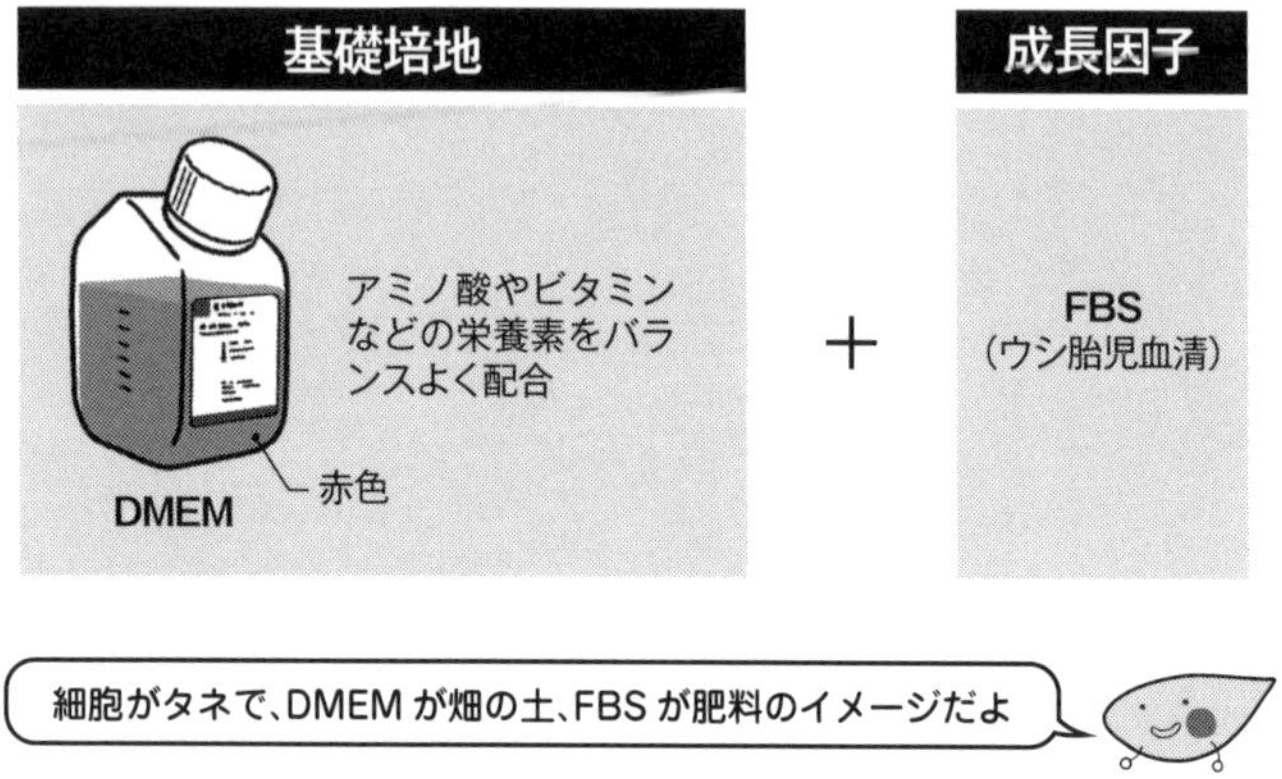
基礎培地
成長因子
アミノ酸やビタミンなどの栄養素をバランスよく配合
DMEM
赤色
＋
FBS
（ウシ胎児血清）
細胞がタネで、DMEMが畑の土、FBSが肥料のイメージだよ

基礎培地にはいろいろな種類がありますが、現在最も多く使われているものは「DMEM《ディーメム》」というもの。ダルベッコ改変イーグル培地（Dulbecco's modified Eagle medium）の略です。ずいぶんと長い名前ですが、1959年にアメリカの研究者ハリー・イーグルの開発した基礎培地に、イタリアの研究者レナート・ダルベッコがさらに工夫したもの、という意味が含まれています。

　DMEMには、さらに一工夫してあります。DMEMで画像検索するとわかりますが、全部赤色の液体です。これはフェノールレッドという色素です。フェノールレッドは細胞の栄養にならないのですが、培養液の状態をチェックするための目印になっています。

フェノールレッドは、pHが7付近の中性では赤い色をします。pHが高くなってアルカリ性になると赤紫色に、pHが低くなって酸性になると黄色に変色します。

次のステップでくわしく書きますが、アルカリ性と酸性のどちらも細胞にとっては増えにくい環境なので、**培養液は中性の赤色を保つ必要があります。それを目で見てすぐわかるようにフェノールレッドを入れています。**

これで種も土も全部そろった……と思いきや、大切なものが足りません。細胞もある、栄養素もある。しかし肝心《かんじん》な、「細胞よ、増えろ」という指示がないと、細胞は増えてくれません。

その指示を出すのは、シグナル物質です。シグナル物質は手紙のようなもので、手紙を使って「細胞同士がコミュニケーションをする」ということを思い出してください。**細胞が分裂して増えるためには、「細胞よ、増えろ」という手紙、つまりシグナル物質が必要**です（83ページ図10下）。

とはいえ、生体内にあるシグナル物質は1種類だけではありません。そのため、シグナル物質をイチから調べ尽くして、それを全部培養液に入れようとするとけっこう大変です。

そこで昔の研究者は、「培養は体内の環境を体外で再現するものだから、体内にあるものをそのままもってくればいいのでは？」と考えました。そして最終的にたどり着き、いまでも使われているのが**「FBS（ウシ胎児血清《けっせい》）」**です。

FBSは、ウシの胎児の血液のうち、赤血球や白血球などを取り除いた液体部分である「血清」のことです。血清にはさまざまなシグナル物質だけでなく、脂質や、細胞同士がくっつくのに役立つタンパク質などが含まれています。FBSはウシの胎児という、いわば最高の育ち盛りの生き物からとってきたものなので、細胞が増えるのに必要な要素、**特に成長因子が豊富に含まれている**と考えられています。

実際、細胞の研究では、基礎培地であるDMEMに「成長因子基本セット」であるFBSを5～10％加えたものを培養液として使うことが非常に多くあります。**DMEMが畑の土なら、FBSは土に補給する肥料**といったところでしょうか。

しかし、FBSの調達にはウシの胎児が必要で、値段もとても高いのです。これが、第1章で紹介した最初の培養肉バーガーが当時で3000万円という価格になってしまう理由です。FBSを使って培養肉を量産するのは非現実的なので、これを使わずに細胞培養をする方法を編み出す必要があります。それについては後で紹介させてください。

手順3 培養する

ようやく、細胞という種と、培養液という土と肥料がそろいました。あとは畑で作物がぐんぐん成長するように、細胞を培養液の中に浸《ひた》して増やしていきます。

ただ、このステップにもコツというか難しさがあります。農業ではほどよい気温と水が必要です。猛暑や水不足だったり、逆に大雨が続いて日照不足だったりするときには収穫できません。

細胞培養も同じで、**ちょうどいい条件で培養しないとうまく増えてくれません。**この「条件」は農業の天候以上に複雑かつ繊細で、ちょっとでも間違えると細胞が増えないどころか死んでしまい、培養失敗となります。

まず大切なのは、器具や装置を滅菌《めっきん》しておくことです。**細胞は非常にか弱い存在で、他の細菌やカビなどがいると、あっという間に全滅**してしまいます。滅菌済みの器具を買うか、またはエタノールや紫外線でしっかりと器具や装置を滅菌します。ガラス器具を使うときには、高温高圧で滅菌することもあります。

培養中にも、細胞がうまく増えるためには多くの条件があります。培養液に入っている栄養素以外の条件には、温度、pH、浸透圧、老廃物の除去などがあります。

▼温度は、当然高すぎても低すぎてもいけません。**ほとんどの細胞は体の中と同じくらいの温度、およそ37度がいちばん快適なので、培養装置の中は37度に設定**しておきます。ただ、おもしろいことに**魚の細胞は25〜28度と低めのほうが増えやすくなります。**きっと、冷たい水の中で細胞が増えるような性質があるのでしょう。

▼**培養液が蒸発するなどして浸透圧がずれないように、湿度を100%を維持**できるようにします。美肌の敵は乾燥というように、細胞にとっても乾燥は大敵です。

▼培養装置のことを「インキュベーター」といいますが、**インキュベーターは密閉装置のようなもので、温度と湿度を設定どおりに保つ**機能があります。

▼培養液のpHを中性に保つには、意外に思われるかもしれませんが、**二酸化炭素濃度が関わります。**細胞が活動すると、しだいに培養液が酸性化してしまい、細胞にとっては**劣《れっ》悪《あく》な環境になっていきます。普通の空気の二酸化炭素濃度は0・03％程度ですが、細胞培養では装置内の空気の二酸化炭素濃度を5％程度になるように設定**して、培養液が酸性化するのを防ぎます。

二酸化炭素は、ガスボンベをインキュベーターにつなげて供給します。ただし、酸性化しにくい培養液もあり、これを使う場合は二酸化炭素濃度を気にする必要はありません。

▼細胞が活動すると、アンモニアや活性酸素《かっせいさんそ》などの有害物質（老廃物）をつくるようになります。体の中であれば腎臓《じんぞう》で濾過《ろか》して尿《にょう》として体外に捨てられますが、いまの培養技術ではそのようなシステムはありません。そのため、**定期的に培養液を交換する**ようにします。つまり、古い培養液を吸い取って捨て、代わりに新しい培養液を流し込みます。

農業でいうと、いったん作物を引っこ抜いて新しい畑に植え直すようなものです。大変な作業で土や肥料ももったいないのですが、特殊な装置を使う以外に老廃物だけを取り除く方法がないので、仕方なく培養液を全部入れ替えています。

ちなみに老廃物がたまると、もともとは中性付近のpH7・4~7・6ぐらいだった培養液が酸性に傾きはじめ、細胞がうまく増えてくれなくなります。

そこで、まだ中性であることが視覚的にわかるように先述したフェノールレッドを培養液に入れて、**「赤なら老廃物がまだたまってないからOK」**としているわけです。pHもしくは老廃物の濃度を常に測定し続ける装置をつけるのであれば、フェノールレッドは要りません。

手順4・成形する

最後は成形です。農業でいえば収穫して袋詰め、箱詰めする段階です。

細胞を培養すると、それなりの量はできます。ただ、**できた培養肉は**コーンポタージュのように小さい塊も混ざった、**ゆるいミンチ状**といった感じです。ひき肉として使って、たとえばそぼろのように炒めてパラパラにしたり、ハンバーグのようにこねたりするのなら、このままでもなんとか調理可能でしょう。

できればステーキ肉のようにしっかりとした厚みがあったり、鶏の唐揚げのように繊維感があったりするほうが、見た目も味もおいしくなります。培養した細胞を、なんとかしてかたまり肉のような形に整える必要があります。

この段階が非常に難しく、本書の執筆現在、まだ完全に成功しているところは海外も含めてどこにもありません。

というのも、手順3までの「細胞と培養液を用意し、培養する」ことは、再生医療の分野でくわしく研究されており、かなりのノウハウが蓄積されています。第1章でもふれましたが、培養肉は再生医療のノウハウを利用していて、手順3までは工夫が必要ながらもそれなりの方法論があります。

ところが、成形、特に立体的に仕上げるという段階は、いまの再生医療にはほとんどありません。技術レベルがそこまで到達していないのです。いまの再生医療がおこなっているのは、バラバラの細胞を移植するか、せいぜい薄いシート状に培養したものを移植するのがほとんどです。

そのため、成形という段階は培養肉特有のものであり、独自に方法を考えなければなりません。考えられる方法はいくつかあり、いろいろな会社がいろいろな方法で模索している段階です。

方法の一つは、**培養液の中に細胞の足場となるようなものを置いておき、そこに細胞を集める**というものです。

多くの細胞は通常、何かにくっついた形で増殖していきます。細胞がくっつきやすい素材があれば、細胞は自然とそこにくっつきます。足場を繊維のように配置しておけば、筋肉に特徴的な筋繊維をつくれるのではないか、というアイデアです。

また、細胞をインクに見立て、**プリンタがインクを出すように細胞を並べる「バイオプリンティング」**という方法もあります。

いまはプリンタも進化して、紙に平面状に印刷するだけでなく、プラスチックを溶かしながら立体的な構造物をつくる**3Dプリンタもあります。細胞など有機物を材料にして立体的な組織をつくる3Dバイオプリンティングなら、厚みのあるステーキ肉ができるかも**しれません。

ただ、現在の技術では解像度に難があります。

いまのバイオプリンティングは数マイクロメートル（1マイクロメートルは1000分

の1ミリメートル）単位で制御できますが、**細胞が機能するように並べるには1マイクロメートル以下の精度が求められます。いまより10倍くらいの精度が必要**です。

また、単に細胞を重ねるだけでは、酸素や栄養を届けられず、すぐに細胞は死んでしまいます。しっかりと細胞同士がくっつくまでは細胞を生かす必要がありますが、その技術的問題をクリアしなければなりません。

ほかにもいろいろな課題がありますが、ここであまり悲観的なことを考えても先に進めなくなるので、これくらいにしておきます。

最後におさらいしましょう。

培養肉は、体の中から筋肉を取り出し、そこにあるサテライト細胞を抽出します。あらかじめ、必要な栄養素やシグナル物質などが含まれている培養液も準備します。

培養液の中にサテライト細胞を入れ、決まった温度や湿度などの条件下で育てると、サテライト細胞が筋細胞に分化しながら増えていきます。

最後に、肉となるように成形したら、培養肉の完成です。

第3章

楽しいシチズンサイエンス

普通につくると、とにかく高い

培養肉のつくり方を紹介してきましたが、つくり方がわかれば誰でもつくれるというものではありません。それが、私が「培養肉を自宅でつくろう」と考えたときの最初のハードルです。

材料となる筋肉の細胞は、畜産業の方にお願いすればなんとか家畜から採取できるかもしれませんし、有精卵を使えばニワトリのできたて（？）の筋肉がそこにあります。

問題は培養液と培養装置です。どちらも大学や大企業の研究室が専門業者に注文するもので、一般人がそう簡単に買えるものではありません。

買えない理由は入手ルートの難しさだけではありません。培養について調べていくと、**とにかく「値段が高い」**のです。

Good Food Institute（グッドフード研究所）というシンクタンクが、筋芽《きんが》細胞（サテライト細胞から分化して、やがて筋繊維をつくる細胞）を培養するのに必要な培養液の値段を試算しています（図13）。

図 13 一般的な培養コスト

培養液 500mL の製造コスト
（成長因子に FBS を使わないやり方）

基礎培地	170 円
血清成分	620 円
成長因子	20,000 円
合計	20,790 円

（＊Good Food Institute の試算による）

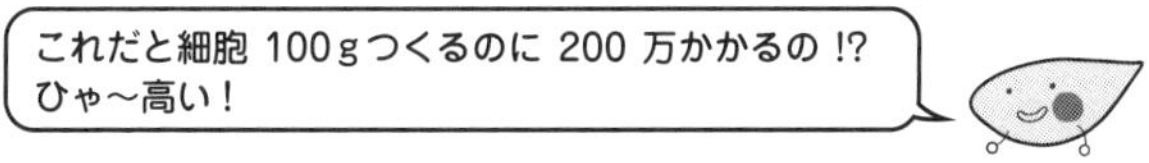
これだと細胞 100ｇつくるのに 200 万かかるの !?
ひゃ～高い！

この試算では、肥料として紹介したＦＢＳを使わず、代わりに合成された血清成分や成長因子を別に加える方法でやっています。そうすると、培養液５００ミリリットルをつくるのに、基礎培地が１７０円、血清成分が６２０円、そして成長因子が２万円と、合計２万７９０円かかります。

そして、培養中には途中で培養液を交換するので、最終的に**細胞１００グラムをつくるのに２００万円以上もします！**

なぜＦＢＳを使わない計算をしているかというと、じつはＦＢＳにどんな物質がどれくらい入っているのか、完全にはわかっていなくて、食品製造に使ってもいいのかという意見があるからです。何が入っているのかよくわからないものには、多くの人が抵抗を感じてしまうでしょう。

仮に培養液500ミリリットルをつくるのにFBSを10％加えるとすると、その値段は4900円です。しかも一般人がFBSを買う手段はほとんどありません。

培養肉に憧《あこが》れて会社を辞めたときの私の年収は60万円。そして実家暮らし。やっぱり、自宅で培養肉をつくることはできないのか。培養肉の研究ができそうな大学の研究室に入り、脱無職をするしかないのか……。

よろしい、ならば自作だ

しかし、ここで妙案を思いついたわけです。年収60万円の実家暮らしの一般人で培養肉に必要なものを買えないのであれば、買えるものでつくればいい。逆転の発想です。「**自宅でつくる」という制限をかけることで、逆に、価格と入手性が最優先という、大学や企業ではできないアプローチができる。**

「よし、『自家製』の培養液をつくってやろうじゃないか！」と意気込んだわけです。

とはいえ、農業の規模でいえば巨大なトラクターや広大な土地を用意するのではなく、ベランダ菜園くらいの感覚です。親からは「半年やってみて、ダメならまたちゃんと仕事探したら？」などと言われていました。

培養液を身の回りの入手しやすいものでつくる方法はいくつか思いつきました。たとえば、成長因子という**シグナル物質は、ニワトリの卵の黄身**の中にいっぱい入っています。ほかにも、酵母《こうぼ》からつくる酵母エキスという粉末も使えます。**酵母エキスにはタンパク質やビタミン、ミネラルが豊富に含まれていて、培養液にはぴったり**の成分です。卵はスーパーで買えるし、酵母エキスはドラッグストアやネット通販で簡単に手に入ります。

通常の細胞培養では、材料としてタンパク質ではなく、タンパク質をバラバラにしたアミノ酸を使います。そこで、**酵母エキスのタンパク質を分解するために「パパイン」という酵素**を加えます。パパインはパパイヤやパイナップルに含まれるタンパク質分解酵素です。「酢豚にパイナップルを入れるとお肉がやわらかくなる」のは、パイナップルの中にあるパパインがお肉のタンパク質を分解してやわらかくするから、と聞いたことがある人も多いでしょう。

自家製培養液づくりの自宅実験

ただ、誰もやったことがないので、**どのくらいの分量でやればいいのかは完全に手探り**です。ここが高校までの理科の実験とは違うところで、**自分で最適解を見つけないといけない研究活動そのもの**です。

ある意味、料理研究家がイチからレシピをつくることに似ているかもしれません。料理のレシピには「しょうゆ大さじ2分の1」とかすごく微妙な分量が出てくるものもありますが、きっと料理研究家も「大さじ1杯ではダメ、小さじ1杯でもダメ、大さじ2分の1杯がちょうどいい」と試行錯誤《さくご》した結果、オリジナルレシピをつくっているのだと思います。

研究も一緒で、とにかくいろいろな条件でテストしてみて、試すしかないのです。もう、めちゃくちゃ地味な作業です。

酵母エキスとパパインを混ぜて自家製成長因子をつくる研究では、どの比率が最適かだけでなく、どれくらいの温度で何時間混ぜればいいかといったように、パラメータ（変数）

がいくつもあります。これをしらみつぶしに検証していきます。

私が最初にこの実験を始めたときは、実家に専用の実験スペースなどもちろんないわけで、家族が使っていない洗面所でやっていました。

50ミリリットルのビーカーをいくつも用意し、酵母エキスとパパインの配合を0・1、0・2、0・5、1……と変えたものを入れて番号を振ります。

次に、それを温めながら混ぜます。攪拌《かくはん》して分解させるためです。磁石の原理を使って自動で混ぜるマグネティックスターラーという機械を使ったのですが、これが1台しかないので、0・1のビーカーを3時間混ぜたら、取り換えて0・2のビーカーを3時間。また取り換えて0・5のビーカーを3時間……という具合にやっていく。5個のビーカーを1個1個やっていったら、もうそれだけで十何時間です。

さらに、混ぜる時間も、30分、1時間、6時間と設定を変えていきます。

そうやって濃度や分量、攪拌時間を組み合わせてつくったさまざまな酵母エキス分解液で細胞を培養して、

「0・1でやったやつは細胞が何個増えた」

「0・2のはいくつ増えた」

図14　DIY 培養液でコストダウン

培養液500mLのDIY製造コスト

基礎培地 →	スポドリ配合 DMEM	約80円
成長因子 →	鶏卵の黄身または自家製酵母エキス（酵母エキス＋パパイン酵素）	0.45円
	合計	100円以下

「1以上になるとネバネバすぎて基礎培地に混ざらなくて使えなかった」

などと、全部記録をとるのです。

細胞が増えたかどうかを確認するには1週間くらいかかりますから、**とにかく、これのくり返しを何度も何度も延々とやる。そうやって、どの組み合わせでいちばん細胞が増えるか、最適解を見つけていきました。**

途中、ビーカーとマグネティックスターラーがぶつかってカチャカチャする音がうるさいと親が文句を言ってくるとか、一般の研究室ではありえない小苦労もあったりして大変でした。

ただ、実際にやってみると意外と手応え

があり、**ちゃんと細胞が増える条件と増えない条件とが見えてくる**ものです。かぶりつけるくらいの大きさの培養肉をつくることはできないけれど、細胞が増えるかどうかぐらいの研究は、自宅でもできることがわかりました。

しかも、安い。FBSは1リットルあたり4万円から20万円しますが、**自家製の酵母エキス分解液は1リットルあたり0・9円**です。これは大きなコストダウンです（図14）。

さらなるコストダウンを目指して、次に取り組んだのは基礎培地です。**基礎培地に入っているものは、糖（ブドウ糖）、アミノ酸、食塩、ビタミン、ミネラルなど**です。どれもスーパーで簡単に買えるものであり、**言ってみればスポーツドリンク**のようなものじゃないですか。

というわけで、いちばん安そうな、粉末タイプのスポーツドリンクを水に溶かして基礎培地にして培養実験をしてみたのですが、これがうまくいかない。いろいろなスポーツドリンクの製品を比べていって**いちばん細胞が増えやすかったのは、基礎培地であるDMEMを4割、スポーツドリンク（旧バージョンの「グリーン ダ・カ・ラ」）を6割の配合で混ぜたとき**でした。

この〝スポドリ配合DMEM〟で、ざっくりですが、**基礎培地も半分の値段にすることができた**のです。

「大学や企業でなくても培養肉の研究ができる！」

これは自分の中でも大きな発見であり、手応えでもありました。

そもそも大企業が金の力で培養肉をドーンとつくって、それを「どうだ、これを食べるがいい」と一般人に押し付けるのは、正直あまりおもしろくないと思っていました。むしろ、自宅で培養肉をつくってそれが世の中をリードしたらおもしろいじゃないか、というアナーキーな動機もありました。

柔道ではないですが、小が大を制するほうが痛快だし、やりがいもあるでしょう。

また当時、『MAKERS 21世紀の産業革命が始まる』（クリス・アンダーソン著）という本がヒットして、オープンソースのデザインと3Dプリンタでものづくりに励む「メイカーズ」たちがすごく話題となっていました。ものづくりの民主化という思想に、私も共鳴していたのです。

「自宅で培養肉をつくる」Shojinmeat Project

培養液自作の自宅実験に先立って、２０１４年2月に私は、自宅で培養肉をつくるというムーブメントに、「Shojinmeat Project（ショージンミート・プロジェクト）」と名付けました。

ショージン（精進）という言葉を入れたのは、英語圏の人でも言いやすく、アジアの要素を入れたいと考えたから。

当時の培養肉は、欧米では動物愛護のためという視点が強かったので、欧米とは違う視点を入れるとオリジナリティが出てくるわけです。

そして、資料や発表スライドには「みよ」と「あこ」というサイバーな着物を着た、23世紀の火星を生きる2人の美少女のイラストを入れました（図15）。みよ、あこの名前は、いずれも筋肉を構成する主要タンパク質のミオシン（myosin）、アクチン（actin）からつけたものです。

日本といえば「萌《も》え」の文化であり、2次元の美少女イラストの文化です。

図15　Shojinmeat Project キャラ「みよ」と「あこ」

みよ Miyo-san
※"Myosin" から
姉・20歳・164cm
火星ホイゲンスクレーターの細胞農業プラントにて、化学工学のインターン中。
羽織はディスプレイになっている
あこ Aco-chan
※"Actin" から
妹・13歳・149cm
火星植民コロニーの中学の校外学習として、細胞農業プラントで姉の手伝い中。
帯は力場シールドでできている

これは私が子どものころから2ちゃんねる（現5ちゃんねる）に入りびたり、リアルタイムで「電車男」の行く末を見守っていたほどネット文化やアニメ文化に慣れ親しんでいた、ということも大きく影響しているでしょう。

ショージンという言葉と23世紀のSF都市をバックにたたずむ美少女イラストで、海外の人が見たら「日本でやっているもの」ということが一目でわかるようにするという狙いでした。

実際、その狙いは当たり、後で紹介するように、海外の学会で発表したときにはかなりウケていました。

胡散くさくて頼もしい仲間との出会い

さて、Shojinmeat Projectを立ち上げたところで一人では何もできないし、私も培養肉や細胞培養の知識はたかがしれているので、次にやるべきことは仲間集めです。とにかく培養肉や細胞培養といったバイオに興味がありそうな人、くわしそうな人に声をかけて回りました。

そうして多くの人たちと出会いましたが、**特に私やShojinmeat Projectに大きな影響を与えたのが、Ｄｒ．ＩＫＫＯこと川島《かわしま》一公《いっこう》**です。

私がＤｒ．ＩＫＫＯと出会ったのは２０１４年の4月ごろ。Shojinmeat Projectを立ち上げた直後で、東京の本郷にあるLabCafe（ラボ・カフェ）という場所がきっかけです。

ラボ・カフェはただのカフェではなく、近隣の学生や社会人でさまざまな専門性を持った人たちが、目的があろうとなかろうとゆるく集まり、いろいろな発表会や討論会や作業会などをしている場所です。バイオや化学の人も集まって勉強会をしています。

そこのカフェマスター店長に「バイオにくわしい人を知りませんか？」と聞いた返事が、

「Ｄｒ．ＩＫＫＯ」でした。Ｄｒ．ＩＫＫＯは２０１２年に広島大学で農学の博士号を取得した後、２年間留学したアメリカ・ベイラー医科大学で分子内分泌学《ぶんしないぶんぴつがく》を学んでいるとのこと。

そこで、Ｄｒ．ＩＫＫＯが参加するイベントに私も飛び込みで参加し、「培養肉をつくりたい」という話をしたら興味を示してくれたのです。いろいろな論文やアドバイスをもらいました。

その中にあった、**「培養液を食品成分からつくる」という発想**は、当時の私の自宅研究やいまのShojinmeat Projectのコンセプトに大きな影響を与えました。また、第5章で紹介する**「臓器間相互作用」のアイデア**も、このときに出てきたものです。

正直にいうと、最初にＤｒ．ＩＫＫＯの話を聞いたときには、「本当にそんなことできるのかな？　大丈夫か、この人」とちょっと胡散《うさん》くささも感じました。

でも、**Ｄｒ．ＩＫＫＯからは「できるはず！」という根拠があるのかないのかわからない自信があふれていて、とても頼もしく見えた**ことを鮮明に覚えています。その後、共同でインテグリカルチャーを創業しＤｒ．ＩＫＫＯはＣＴＯとなって、いまでは一緒に仕事をしています。

これなら自宅でも培養肉の研究ができそうだというメドがなんとなく立ち、２０１４年12月に会社を退職し、翌年から本格的に培養液の自作実験をスタート。そうして先ほどの酵母エキスやスポーツドリンクを使った自作培養液ができあがるわけです。

自由に集まり、自由に研究・発表するシチズンサイエンス

私が自宅で培養液づくりの実験動画をネットに載せていくとおもしろがる人が結構いて、やがて「自宅で細胞実験」という共通の趣味をもつ人たちが集まるようになりました。一種の社会人サークルみたいなものです。中には高校生もいるので、社会人サークルというよりも同人サークルのほうがしっくりくるかもしれません。

２０１７年になると、**メンバーの高校生も自宅で細胞培養実験を始める**ようになり、私の個人的興味からはじまった Shojinmeat Project の規模はどんどん大きくなっていきました。

私は Shojinmeat Project を言い出した人として「ハニュー」と名乗り、同人誌で記事を書いたりイベントで発表したりと、より多くの人に培養肉や細胞培養の情報や研究成果を

届けています。

そうした中でShojinmeat Projectの将来を考えたうえで、いまではコンセプトを次のように明確にしています。

①一般の人も使えるバイオ技術の開発

②誰もが各分野から参画《さんかく》できる、開かれた対話を軸とした活動

①「一般の人も使えるバイオ技術の開発」は、自宅で培養肉をつくることに限らず、バイオの技術が一部の企業や団体に独占されて利益が集まるのではなく、民意によって使われるようにすることを目指したものです。

先述したように、ソフトウェアの世界では誰でも無料で自由に使える「オープンソース」という言葉がありますが、Shojinmeat Projectは「自宅でつくるオープンソース純粋培養肉」をキーワードに掲げています。

次の章で紹介しますが、**培養に必要な装置を自作したり、培養している細胞の写真をSNSに上げたりと、活動内容や公表する方法は自由**です。ここには、専門家でなくても誰でもアクセスできるようにということで、培養肉のコストダウンも目的の一つに含まれています。

それぞれが自分の実験や研究情報を自由に発信し、それを「言い出しっぺ」である「ハニュー」こと私がこんな具合にウェブサイトにもアップ。興味のある人はそれぞれの情報をチェックして、さらなる活動につなげます。

「ＤＩＹインキュベーターの開発状況です」
「Beyond BioLab での実験の細胞写真を報告しています」
「中学生へのＤＩＹ細胞培養の授業が開かれました」
「お手軽倒立顕微鏡が入りました」
「高校生メンバーによるＳＮＳ意識調査の結果が出ました」
「ＤＩＹ電気泳動ができました」
「細胞農業やバイオ技術をテーマとした小説と漫画の作品案が出ました」
「The Japan Times（英語）で紹介されました」
「小ミーティングにて、細胞農業に関する『無制限質問会』を開催しました」

実験や研究では疑問や失敗など壁にぶつかることもよくありますが、そんなとき、他のメンバーに相談してコツを聞けたり、知恵を出し合って解決できたりするのは、仲間という大きな存在があるからです。

ただ、メンバーの活動があまりにも活発すぎて、「ハニュー」のまとめ作業が追いつかないこともしばしば……。また、不定期ですが、年1回くらいをメドに最新状況をまとめたスライド資料や小冊子（同人誌）もつくって、公開しています。

コンセプト②の「誰もが各分野から参画できる、開かれた対話を軸とした活動」は、培養技術に限らず、培養肉や細胞農業が世間に広まっていく未来を想像したときに、どのようなインパクトを世間にもたらすかと考えることです。必ずしも自宅で培養肉をつくる必要はなくて、培養肉の登場によって自分の興味のあるジャンルがどう変化するかについても、自由に意見をかわします。

培養肉が広まれば、科学技術が進歩するのは当然として、社会や経済、産業にも大きな影響をもたらします。食品として培養肉を販売するなら、政治によるルールづくりも必要です。食文化も変わるでしょう。人々の考え方が変わるなら、倫理や芸術にも関わってきます。

まさに、私が学んだシステム工学の世界です。これこそ一人で考えてできることではないので、とにかく全分野から人が集まることが大切になります。

オープンに対話することで新しい人が入りやすくなり、新しい意見や視点がもたらされるようになります。ときには専門家に意見を聞くこともあります。文化に関係するところでは、曹洞《そうとう》宗のお坊さんに話を聞きにいったメンバーもいます。

技術開発もオープンな対話も、私がリーダーとなってメンバーに指示しているのではなく、**各メンバーが自由に活動し、自由な場所で発信しています。**発信場所はブログだったりニコニコ動画だったり同人誌だったりとさまざまです。いちおう私はサイトやスライドに情報をまとめていますが、私が全体の指揮をしているわけではありません。

いってみれば、「行き先はここだ！」と打ち上げ花火を1個上げて、そこに向かっていろいろな人がいろいろなところから集まってくるようなものです。

ちなみに、このように**一般市民が研究をすることを「シチズンサイエンス」**といいます。日本語では「市民科学」と翻訳されることもあります。

シチズンサイエンスはいろいろな文脈で使われていて、研究者が多くのデータを集めて解析《かいせき》するために一般の人に協力を依頼することもシチズンサイエンスです。たとえば、福島第一原子力発電所の事故のときに、一般市民がガイガーカウンターで放射線量を測定して研究者がまとめたのもシチズンサイエンスに分類されることがあります。

ただ、**本当の意味でのシチズンサイエンスは、**職業研究者（仕事として研究をしている人）が指揮しておこなうものではなく、**一般市民が自主性をもって自由に研究し、意思決定権が市民側にある**ことを意味する言葉です。言われたことをやるのでなく、自分で考えて自分でやる。だからおもしろいのです。

自由に研究をして、自由に発表する、そして自由に人が集まる。

Shojinmeat Project は本来のシチズンサイエンスの姿だと思います。立ち上げ当初は30人くらいで、高校生から社会人までさまざまでした。

ビジネスコンテストや国際学会でも評価

培養肉づくりに興味があるだけの集団に見えるShojinmeat Projectですが、物好きな集団で終わってはいません。ちゃんと立派な賞をもらったり、真面目な会議で発表したりしています。

「科学技術の発展と地球貢献を実現する」を経営理念に掲げるリバネスという会社は、理工系学生が集まって創業したベンチャー企業です。その**リバネス社が2015年に開催した農林水産分野限定のビジネスプランコンテスト「第2回アグリサイエンスグランプリ」では、Shojinmeat Projectが最優秀賞とロート賞を受賞**しました。細胞の培養コストを下げる技術開発が評価されたのです。

海外で開催されている**国際培養肉学会にも何度か参加**しました。2016年に参加したときには、「あこ」と「みよ」を発表スライドに載せたところ非常にウケて、内容も充実していたため、発表が終わるとスタンディングオベーションが送られました。

2017年の学会では、**細胞培養にかかるコストを圧倒的に抑えた方法で培養チキン肉をつくったこと、それをやったのは当時16歳の女子高校生**だったことを発表しました。このとき、第1章で紹介した、オランダ政府から200万ユーロの研究資金を得たウィレム・ヴァン・イーレンの娘のイラ・ヴァン・イーレンが出席していたようです。

ウィレム・ヴァン・イーレンはすでに亡くなっており、娘のイラ・ヴァン・イーレンは「培養肉は無理だ」といって一時期は培養肉業界からは距離をとっていたのですが、培養肉が実現する可能性が出てきたことから、２０１７年の学会から復帰したとのことです。

あとから聞いた話なので発表時の様子はわからなかったのですが、父親が果たせなかった夢が新しいかたちで、しかも高校生が自宅で実現したことに感動して、うれし泣きされたそうです。

国内でも、**農林水産省の若手職員による、食の未来に関する有志勉強会「チーム４１４」に情報提供**し、２０１８年４月にまとめられた報告書「この国の食と私たちの仕事の未来地図」では細胞農業のことを紹介してもらいました。このときは、そもそも細胞農業や培養肉がどのようなものか、食料自給率の観点からどのように位置づけられるか、などをプレゼンしました。

このように、動画投稿や同人誌発行（図16）も含めて、**何かしらつねにアウトプットし続けること**を意識していました。ただ好きなだけで集まるグループは、最初のうちは勉強会や実践をやって盛り上がるのですが、どうしても本業が忙しくなると参加する機会が減り、他のメンバーのモチベーションも下がって自然消滅するのがよくあるパターンです。

しかしShojinmeat Projectは、つねに何らかのアウトプットを続けることでいろいろな

図16　Shojinmeat Projectでつくった同人誌

人の目に留まり、メンバーが増えていって活発な活動が続いていると思っています。

さらに、私自身は**シンギュラリティ大学のプログラムに参加**したことにも大きな影響を受けました。

シンギュラリティ大学はレイ・カーツワイル（２０４５年、ＡＩ（人工知能）が人類の知能を超える転換点「シンギュラリティ」がくると予言）やピーター・ディアマンディス（人間の平均寿命を延ばす技術から惑星資源開発まで、10社以上のベンチャー創業に関わってきた起業家。イーロン・マスクの盟友）といった未来学者と呼ばれる人たちがつくった私塾。いわば、シリコンバレー版の松下政経塾です。

そのシンギュラリティ大学が主催するグローバル・インパクト・チャレンジ（ＧＩＣ）というビジネスコンテストで、Shojinmeat Project の「オープンソース培養肉」を発表して優勝し、２０１７年夏にシリコンバレーで開催される「グローバル・ソリューション・プログラム」に、日本人として初めて参加したのです。

47ヵ国から90名が集まり、９週間にわたって共同生活をしながら、さまざまなセッションやワークショップを受け、ディスカッション「グローバル・ソリューション」すなわち**「世界を救う術」という課題に取り組みました。**

「仲間を見つけ、計画を立て、事を始め、グローバル・ソリューションをつくり出せ」と、旅立ちの村の長老からゲームの全クリア条件を課せられたような状況下、個性あふれるパワフルな参加者たちと過ごした濃密な９週間で、大いに刺激を受けました。

ちなみに、これまで Shojinmeat Project がつくった同人誌は10冊ほどですが、現在その一部がアメリカでコレクターズアイテムなどと言われて、歴史資料化しつつあります。

実際、**２０１６年、２０１７年ごろの時点では、培養肉について解説している書籍や印刷物は、世界中を見ても培養肉バーガーをつくったマーク・ポスト教授の本と**

Shojinmeat Projectの同人誌くらいしかなかったのです。

世界各国でスタートアップ企業が手探りで研究しているなか、日本ではそれらと肩を並べるような培養肉の情報が、シチズンサイエンスとして次々と発表されていた。これはひかえめに言っても、かなりすごいことじゃないか、と誇らしく思っています。

同人サークルからスタートアップ企業の誕生

Shojinmeat Projectの活動が広がる中でNHKにも取り上げられるようになり、それを見たある人物から声をかけられます。**東京女子医科大学の清水達也《しみずたつや》教授**です。清水先生は再生医療用の細胞培養の研究をしながら、技術が似ている培養肉づくりの研究もしています。特に、培養液を1ミリメートル以下の微細藻類《びさいそうるい》からつくる研究をしています。

その清水先生から、「うちの施設で培養肉の研究をしたらどうか」とお誘いを受けました。ちょうどそのころShojinmeat Projectの今後の方針を考えていて、細胞培養の大衆化はShojinmeat Projectが引き続きおこなう一方で、社会実装を目指して技術開発を進めるにはスタートアップ企業が適切であり、さらに細胞培養の啓発活動や普及活動はしっかりとしたNPO法人を立ち上げるのがいいだろうという棲《す》み分けが見えてきたときでした。

こうして清水先生が所属する東京女子医科大学の中にオフィスを構えることになり、**2018年にインテグリカルチャーは正式にスピンオフして企業としての活動を始め、現在に至っています。**

培養肉は培養肉でいいのか問題

さて、ここまでさんざん培養肉という言葉を使ってきましたが、「培養肉」という言葉が最適かということについては議論の余地があります。

海外では、cultured meat、in vitro meat、lab-grown meat などと呼ばれてきました。

・**cultured meat（カルチャード・ミート）**とは「培養された肉」と訳され、日本語の培養肉そのものです。culture にはおなじみの「文化」という意味だけでなく、「栽培、養殖」「耕作」「培養」などの意味もあります。

・**in vitro meat（インビトロ・ミート）**の in vitro とはラテン語で「ガラスの中で、試験管の中で」という意味で、生物学の実験では生体内と意味する in vivo（インビボ）と対《つい》をなす言葉です。培養肉の特徴である「生体外で育てる、容器の中でつくる」というニュアンスを反映したものがインビトロ・ミートです。

・lab-grown meat（ラボ・グロウン・ミート） は「研究室で育った肉」という意味で、現在のような研究段階という視点が入っています。

これら3つの言葉は、いずれも研究室のイメージが色濃く反映されています。

たしかに**現時点では研究段階ですが、実用化されればヨーグルトやビールのように大型の食品工場で生産されるようになる**ことが予想されます。そのような未来で「研究室で育った肉」という名称は実情に合わないはずです。

大学の研究室でつくるようなものではなく、食品メーカーが立派な専用の機械を使って生産するという実態に合った名称を考える必要があるでしょう。

海外では、一時期 **clean meat（クリーン・ミート）** という言葉が提唱されました。日本国内ではこの名称での翻訳書籍が出ています。培養肉は無菌状態でつくられ、資源を効率よく活用でき、温室効果ガスの削減にもつながると期待されていることから、提唱されたのです。

しかし、それでは従来の肉はダーティー・ミートなのかと、畜産団体と無用な対立をあおる結果になってしまい、提唱した団体がこの名前を撤回しました。いまはこの団体や業界団体は**cultivated meat（カルティベイテッド・ミート／栽培肉）**を提唱していますが、政府機関や専門家は「養殖」と混同されるとして、cell-based meat（セル・ベースド・ミート／細胞性肉）ないしは**cell-cultured meat（セル・カルチャード・ミート／細胞培養肉）**を使うなど、呼び名をめぐる議論は現在進行形です。

日本ではどうでしょうか。こればかりは科学や技術の範疇《はんちゅう》を超えてイメージ戦略やマーケティングの領域に入ってきてしまうのですが、どうしても「培養」という言葉に身構える人は一定数いるように思えます。クリーン・ミートという言葉も、大豆ミートや代替肉との区別がつきにくいかもしれません。

そこでShojinmeat Projectでは当初、純粋に細胞培養だけでつくる肉という意味を込めて「**純肉（cell-based meat）**」という言葉を好んで使っていました。

ちなみに２０２３年前半時点では、培養肉と培養魚肉の両方を含む「細胞性食品」という名称が国内では優勢です。

みなさんはどう考えますか？

第4章

夏休みの自由研究に！ DIY培養肉

DIYバイオ——自宅で「細胞を育てる」おもしろさ

自分で家具をつくったり蛇口《じゃぐち》を修理したりすることをDIYといいます。Do It Yourselfの略で、日本語にするなら「自分でやる」という意味になります。

みなさんの中にも、小さい棚を自作したり、部屋の壁を自分好みのカラーになるようにリメイクシートを貼ったりしている人がいるかもしれません。インテリア関係のDIYですね。昔は日曜大工なんて言い方もありましたが、2014年ごろからDIYという言葉が流行《はや》りはじめて、男女関係なく使う言葉となりました。

電子工作にくわしい人なら、自分で電子回路や部品を買ってちょっとした装置をつくったことがあると思います。DIYという言葉が流行る前から「自作」という言葉でDIYをしていました。

そしていま、新たなDIYがひそかに誕生しています。それは「**DIYバイオ**」。自宅で細胞を培養するといったように、手の届く範囲で細胞に関係する実験をやってみようというものです。

自宅のベランダでミニトマトやナスを育てて、自宅で食べる分をつくっている方がいるように、細胞を培養して一口サイズのお肉……と呼んでいいかは諸説ありますが「細胞の塊《かたまり》」をつくるくらいなら、誰でもできるようになっています。誰でもというのは、少し前までは「自宅でもできる」と言っていたのですが、最近では小学生向けの夏休みの自由研究用にワークショップも開いているので**「小学生でもできる」**と豪語《ごうご》しています。

「小学生でもできる」となったら、きっとみなさんの中にも「おもしろそう、やってみたい！」と思う人が出てくるのではないでしょうか。

「培養肉はロマンだ！」と私はずっと言い続けていますが、みなさんにとってはまだまだ遠い話に聞こえているかもしれません。しかし、**実際に培養をしてみると細胞が身近に感じられる**ようになり、少しずつ増えていく様子を見れば**細胞に愛着が湧いてくる**ようになります。

バイオという言葉は、バイオロジー、生物学のことで、本来は私たち人間も含めた生き物に関連する身近な話です。培養肉と聞くと「なんかすごいハイテクを使ってつくっているのでは？」と思う人もいるかもしれませんが、実際にはみなさんが自宅でできるような技術が基本になっています。ＤＩＹバイオは、生き物学であるバイオをもっと身近に感じてもらうきっかけにもなるはずです。なにより、自分で野菜のようにお肉がつくれるなんて、ワクワクしませんか。

というわけで、自宅でＤＩＹ培養肉のレシピをここに公開します。「そんな秘蔵レシピを公開してもいいの？」という声が聞こえてくるかもしれませんが、Shojinmeat Projectのコンセプトは「自宅でつくるオープンソース純粋培養肉」です。オープンソース、つまり誰でも自由に利用できるのが最大の特長です。みなさんもぜひ、試してみてください。

なお、このレシピは私一人でつくったのではなく、Shojinmeat Projectメンバーががんばってくれました。メンバーに感謝します。

「なんの成果も!!得られませんでした!!」とならないためのＤＩＹ培養肉レシピ

ここで紹介するＤＩＹ培養肉レシピは、全部で９つのステップがあります（図17）。

【ステップ１】細胞を手に入れる

【ステップ2】遠心分離で細胞だけを取り出す
【ステップ3】成長因子と抗カビ成分を準備する
【ステップ4】基礎培地をつくり、培養液を調合する
【ステップ5】培養装置を用意する
【ステップ6】雑菌混入対策をする
【ステップ7】細胞を培養して観察する
【ステップ8】増えてきた細胞を別の場所に移す
【ステップ9】手づくりお肉の完成！

いきなりですが、**初めて培養をやってみると、たいていの人は確実に失敗します。**そう、コーラを飲んだらゲップが出るっていうくらい確実に。[*] 細胞がうまく取れなかった、細胞が増えなかった、カビだらけになったとか、理由はいろいろあります。

肝心《かんじん》なことは、**そこで諦《あきら》めないこと**です。失敗しても、「この条件ではうまくできないことがわかった」という一つの成果です。「なんの成果も!!得られませんでした!!」[**]で終わらせないことです。

＊マンガ『ジョジョの奇妙な冒険』（荒木飛呂彦著）のジョセフ・ジョースターの名言。
＊＊マンガ『進撃の巨人』（諫山創著）のキース・シャーディス団長の絶叫。

図17　ＤＩＹ培養肉づくりの手順

- **ステップ1**　細胞を手に入れる
- **ステップ2**　遠心分離で細胞だけを取り出す
- **ステップ3**　成長因子と抗カビ成分を準備する
- **ステップ4**　基礎培地をつくり、培養液を調合する
- **ステップ5**　培養装置を用意する
- **ステップ6**　雑菌混入対策をする
- **ステップ7**　細胞を培養して観察する
- **ステップ8**　増えてきた細胞を別の場所に移す
- **ステップ9**　手づくりお肉の完成！

研究では、うまくいかないことがほとんどです。そこで味方になるのが、自分が記録したデータです。「**この条件ではうまくできないことがわかった」と判断するためには、データが必要です。どの条件で何をやったか、とにかく記録**してください。自分の記憶はあてになりません。

記録していくと、コツが見えるようになります。Shojinmeat Projectメンバーもノートやパソコンに記録をとり、試行錯誤の果てに現在のレシピにたどり着いています。

そして大切な心構えとしては、**細胞のことを想い、丁寧に扱うこと**です。Shojinmeat Projectメンバーの中には「細胞ちゃんを愛《め》でる♪」と言う人もいます。

健気《けなげ》に育っていく細胞に愛着が湧《わ》くようになってきます。これは精神論というだけでなく、【ステップ6】の雑菌混入対策の心がけとしても有効です。

いきなり食べられるくらいの量の培養肉をつくるのはかなり難しいので、最初は細胞培養の実験くらいのつもりで、細胞を自分の手で育てられるかどうかを目標にするのがいいと思います。

【ステップ1】細胞を手に入れる

無から有を生み出すことはできません。何はともあれ、細胞が必要です。スーパーで売られているお肉の細胞はすでに死んでいて増えてくれないので、生きている細胞を調達するところから始まります。

もし大学や企業の研究室なら専門業者から買うことができます。大学や研究所などの公的機関の中には、研究用の細胞を保管して配布する「細胞バンク」という場所があり、そこから手数料などを支払って買うという方法もあります。

でも、一般人が専門業者や細胞バンクから細胞を買うのは難しいかもしれません。

第2章では筋肉にあたる筋繊維のまわりにあるサテライト細胞を取ってきて増やす方法を紹介しました。これも悪い方法ではないのですが、一般人が生きているウシやブタの筋肉を入手するのもかなりハードルが高い。

ではどうするかというと、Shojinmeat Projectでは**ニワトリの有精卵から筋肉を採取する方法**を公開しています。

有精卵とは受精した卵のことで、有精卵を温めておくとヒヨコが孵化《ふか》します。通販などで簡単に入手できます。一方、スーパーで並んでいる卵のほとんどは無精卵なのでご注意を。メスだけで産んだ卵なので、いくら温めてもヒヨコが孵化することはありません。

有精卵の中でヒヨコになる前の胎児《たいじ》では、細胞は活発に分裂《ぶんれつ》するので、培養して増やすには最適という理屈《りくつ》です。

有精卵から筋肉を採取するようにするには、ある程度の大きさまで育てる必要があります。**受精12日後まで孵卵器《ふらんき》（これも通販で買えます）で温めておく**と、「あ、ニワトリの胎児だ」とわかるくらいの大きさや形になります。

初めての培養なら、足から筋肉を採取するのが簡単です（図18）。まずは**足を切り取**

図18　ステップ1：細胞の入手

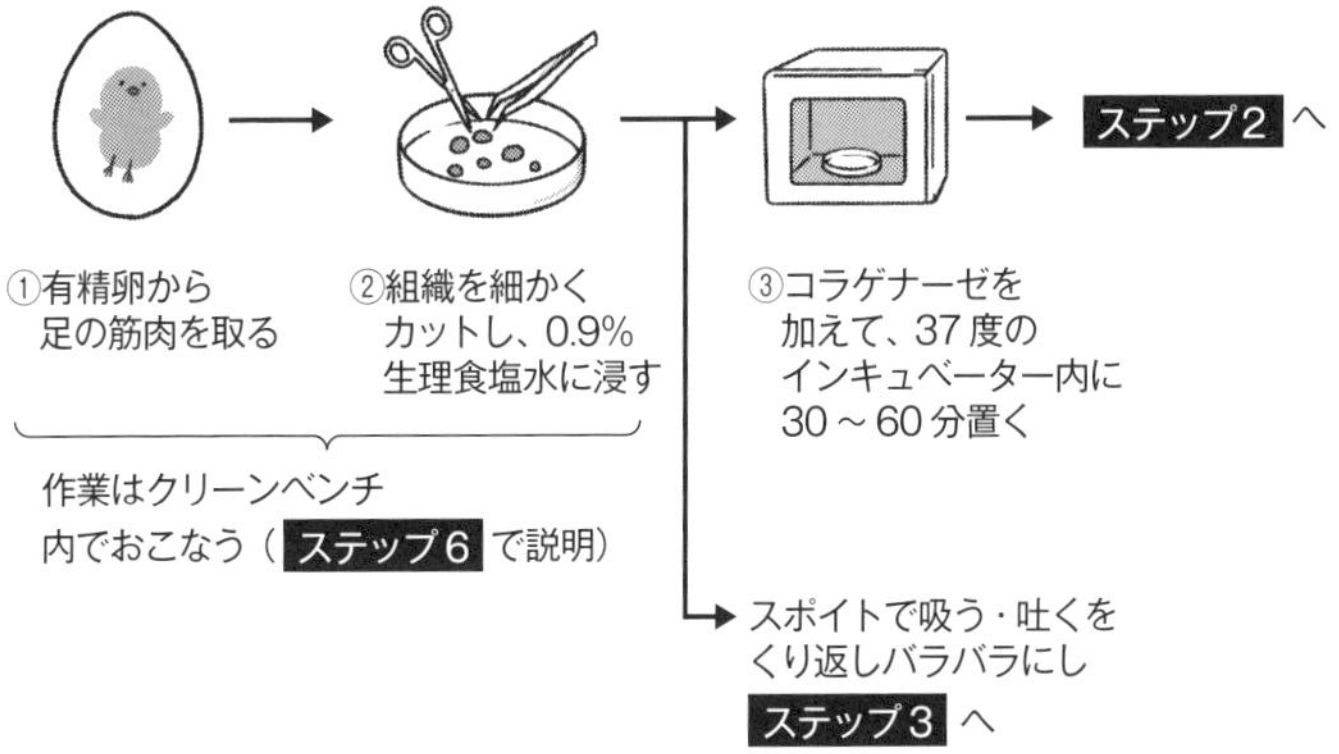
①有精卵から
足の筋肉を取る
②組織を細かく
カットし、0.9％
生理食塩水に浸す
③コラゲナーゼを
加えて、37度の
インキュベーター内に
30～60分置く
ステップ2 へ
作業はクリーンベンチ
内でおこなう（ ステップ6 で説明）
スポイトで吸う・吐くを
くり返しバラバラにし
ステップ3 へ

り、塩化ナトリウム0・9％の生理食塩水が入った容器に移します。細かい作業になりますが、ハサミやピンセットを使って**ボサボサしている筋肉を取り出し、さらに細かく切り刻みます。**「細胞まで切ってしまわないか？」と心配するかもしれませんが、ハサミの刃に対して細胞がとても小さいので、細胞そのものを切断する心配はしなくて大丈夫です。

ここで「コラゲナーゼ」という、目には見えないけれど細胞同士をつなぎとめているコラーゲンを分解できる酵素《こうそ》が使える（手に入る）場合には、**コラゲナーゼを加えて37度に保温した状態で30～60分放置し**ます。すると、細胞が1個1個分離されて培養しやすくなります。

しかし、この溶液には細胞だけでなく、コラーゲン分解物や血液などが混じっています。

そこで、**次の【ステップ2】で細胞だけを取り出します。**

もしコラゲナーゼが手元にない場合には、とにかく筋肉を切り刻み、スポイトで吸う・吐き出すを数回くり返して細胞をバラバラにします。目に見える大きな筋などは取り除いてから、【ステップ3】と【ステップ4】で用意する培養液を投入します（コラゲナーゼを使わないときには【ステップ2】は飛ばします）。

【ステップ2】遠心分離で細胞だけを取り出す

緑茶をしばらく放置しておくと、茶葉の小さな粒が下に沈みます。軽いものは上のほうに浮き、重いものは下に沈むという現象です。この現象を利用すると、細胞は生理食塩水の中では重いほうなので沈んでいくのですが、これを手っ取り早く沈める方法があります。それが「遠心分離」です。

水の入ったバケツを持って腕をブンブン回すと、バケツが上の位置にいっても水は落ちてきませんね。遠心力というものが上向きにはたらいて、水が落ちないようになります。

これと同じ原理で、**細胞の入った容器をぶん回せば細胞が下に沈む**のです。不要なコラーゲン分解物や血液などは生理食塩水の中に漂っているので、液体部分を捨てれば、下に沈んだ細胞だけを取り出せることになります。

ただ、細胞を沈めるには人間の腕では不十分なので、機械の力を借ります。大学や企業の研究室では遠心分離をやるための専用機器「遠心機」というものがあります。もちろん、一般人が買えるものではありません。

ここで、みなさんも考えてみましょう。実験で使う細胞入りの容器はバケツではなく、直径およそ3センチ、長さ10センチくらいのプラスチックのチューブです。このチューブをブンブン回すような機械が、ご家庭にないでしょうか。

それがあるのです。扇風機です。**扇風機の羽根のところにチューブをテープで貼り付け、「強」にセットしてスイッチオンするだけ**です。遠心力は中心からの距離が遠いほど大きくなるため、扇風機でいえば羽根の長さ（直径）に比例して遠心力は大きくなります。**直径20センチメートルの扇風機なら3分くらい、直径30センチメートルなら1分くらいで十分**です（次ページ図19）。

図19　ステップ2：扇風機で細胞を遠心分離

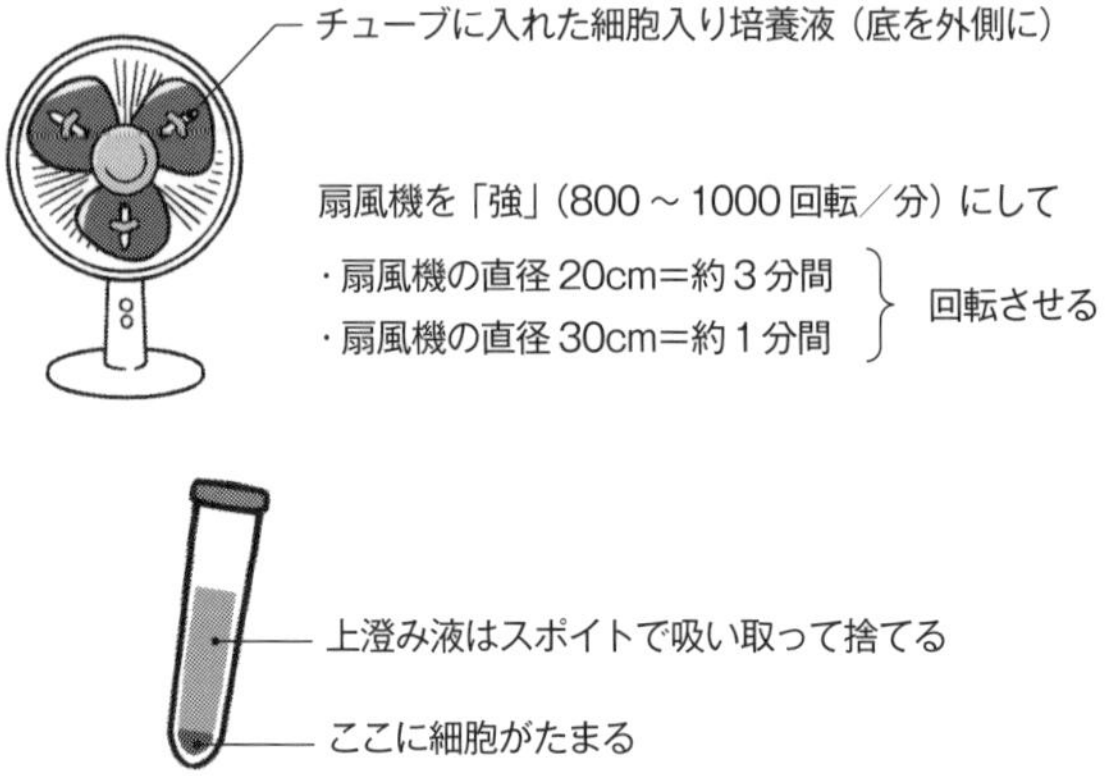
チューブに入れた細胞入り培養液（底を外側に）
扇風機を「強」（800～1000回転／分）にして
・扇風機の直径20cm＝約3分間
・扇風機の直径30cm＝約1分間
回転させる
上澄み液はスポイトで吸い取って捨てる
ここに細胞がたまる

すると、チューブの底に白いもやもやしたものが見えてきます。これが細胞です。**スポイトで上澄みの液体を吸って捨てます。**このとき、沈んだ細胞を吸い込まないようにご注意を。

液体を全部吸い取ったら、代わりに**【ステップ3】と【ステップ4】で用意する培養液を投入して、スポイトで吸ったり吐いたりをして細胞を培養液の中に均一に混ざるようにします。**

なお、大きい扇風機でなくても、バッテリーで動くハンディファンで遠心分離できたShojinmeat Projectメンバーもいます。

【ステップ3】成長因子と抗カビ成分を準備する

【ステップ１】と【ステップ２】に先立って、培養液を準備しておきます。

まずは成長因子を準備します。これが大学や企業の研究ならＦＢＳを買ってくればいいのですが、一般人にＦＢＳの入手ルートはありません。何か別のもので代用する必要があります。

一つは、第３章の自宅実験（１１８ページ参照）で私がやったように酵母エキス分解物を使う方法です。酵母エキスを分解するためのパパインを買い、パパインで酵母エキスを分解する手間を惜《お》しまない人ならそれでもいいでしょうが、ただ、できてもバラつきが大きいことがわかりました。

そこで、**スーパーやコンビニで買えるもので、もっと簡単な方法で成長因子の代替品に仕立てることをShojinmeat Projectでは発見**しました。

それは「**卵黄**」、卵の黄身です。

今回のＤＩＹ培養肉では、【ステップ１】で有精卵から筋肉の細胞を取り出しています。

よく考えてみれば、卵の中の胎児にとって唯一の栄養源は卵黄なので、ＤＩＹ培養肉でも卵黄を栄養源とするのは理にかなっています。

Shojinmeat Projectでいろいろ試した結果、**基礎培地に対して卵黄を０・１％入れる**のがちょうどよいことがわかりました（１５９ページ図20参照）。

そしてもう一つ、培養に欠かせない成分が卵の中には含まれています。**白身に含まれている「リゾチーム」という成分**です。

リゾチームは抗カビ作用があるタンパク質で、人間の涙や鼻水の中にもあります。【ステップ６】でくわしく書きますが、培養では空気中に漂っていたりみなさんの体についていたりする細菌やカビなどの雑菌が入ってしまうと雑菌だらけになり、細胞が死んでしまうこともあります。

Shojinmeat ProjectのＤＩＹ培養肉をつくるときには、**基礎培地に対して卵白を10％入れることで抗カビ作用**を出しています。

ちなみに、抗カビのために卵白が使えると最初に思いついたのは、インテグリカルチャーＣＴＯの川島一公です。自宅でお好み焼きをつくっていたときに、タネだけつくっておいてテーブルの上に放置していたら、一晩でカビが生えてしまった。このときタネには卵が入っていて、よく見ると卵白のところだけカビが生えていなかったことから気づいたそうです。

さすがＤｒ．ＩＫＫＯ。**実験のヒントはこんなやらかしにも潜《ひそ》んでいる**ということです。

【ステップ４】基礎培地をつくり、培養液を調合する

次に、培養液のメイン成分である基礎培地を準備します。

おさらいですが、基礎培地とは細胞にとって必要な栄養素であるブドウ糖、アミノ酸、脂質、ビタミン、ミネラルなどがバランスよく入っているものです。

大学や企業の研究室なら専門業者からＤＭＥＭという基礎培地を買うところを、第２章の自家製培養液では、ＤＭＥＭ４割に対してスポーツドリンク６割を混ぜたもの（スポドリ配合をＤＭＥＭ）使って、コストダウンに成功しました。

これはこれでいいのですが、ＤＭＥＭも一般人が簡単に買えるものではないので、ＤＩＹ培養肉ではここでもひと工夫する必要があります。

ここでShojinmeat Projectメンバーが、またしてもやってくれました。スーパーや通販で買えるもので基礎培地をつくれるレシピを考えてくれたのです。

DIY培養液ドリンク、その名も「DIY-DMEM」です。くわしいつくり方はクックパッドでも「体の細胞を育む！培養液ドリンクDMEM」で検索してみてください。つくれぽが2件もついてます。

DIY-DMEMのつくり方は次のとおりです（図20）。

▼体の細胞が必要とする栄養が理想的に配合された「細胞培養液ドリンク」を、市販品から調合しました。究極の栄養ドリンク！

材料

●等倍溶液（1人分）

・水　125ミリリットル
・食塩　0・58グラム
・重曹《じゅうそう》（食品添加物）　0・37グラム

・減塩食塩　0・13グラム
・アミノ酸サプリ　1錠
●20倍溶液（1人分）
・水　99ミリリットル
・ビタミンBサプリ　1錠
・塩化カルシウム（食品添加物）　0・50グラム
・硫酸マグネシウム（食品添加物）　0・25グラム
・10倍に希釈したリン酸（食品添加物）　1・4ミリリットル
●最後に追加
・ブドウ糖　100ミリリットルあたり0・45グラム

つくり方

まず、等倍溶液の材料を全部混ぜて溶かします。20倍溶液も同じように全部混ぜて溶かします。にごりが収まるまで放置して、濾紙《ろし》またはコーヒーフィルターで濾過《ろか》します。

そして、等倍溶液と20倍溶液を19対1の割合で混ぜ、最後に混ぜた溶液100ミリリットルに対してブドウ糖０・４５グラムを入れれば完成です。

そのまま飲んでもいいし、炭酸水やエナジードリンクで割ってもおいしく飲めます。そのままだと少し苦みがあります。

このＤＩＹ−ＤＭＥＭ、じつは第1章で紹介した世界初の培養肉バーガーをつくったマーク・ポスト教授に飲んでもらったことがあります。２０１９年に東京のお台場で開催された科学イベント「サイエンスアゴラ」のためにポスト教授が来日し、サイエンスアゴラのステージでShojinmeat Projectメンバーの一人の高校生がつくったＤＩＹ−ＤＭＥＭを飲んでいただいたという経緯です。

感想は一言、**「so not good（おいしくないね）」**でした……。

あとで気づいたのですが、最後に入れるべきブドウ糖を入れ忘れていたのです。みなさんはお忘れのないように！

ＤＩＹ−ＤＭＥＭに、【ステップ3】で用意した卵黄0・1％と卵白10％を混ぜたらＤＩＹ培養液の完成です。この培養液の中に、【ステップ１】あるいは【ステップ２】で準備した細胞を浸します。容器は、通販で買える小型のシャーレを使いましょう。

図20　ステップ3＆4：
成長因子、抗カビ成分、基礎培地をつくり、培養液を調合

DIY培養液 ＝ **基礎培地** ＋ **成長因子** ＋ **抗カビ成分**

- 基礎培地：スポドリ配合DMEM もしくはDIY-DMEMで完全自作も可能！
- 成長因子：卵黄（基礎培地の0.1％）
- 抗カビ成分：卵白（基礎培地の10％）

★キッチンでつくれる！DIY-DMEMのつくり方

【材料】（1人分）

A：等倍溶液
- 水：125mL
- 食塩：0.58g
- 重曹（食品添加物）：0.37g
- 減塩食塩：0.13g
- アミノ酸サプリ：1錠

B：20倍溶液
- 水：99mL
- ビタミンBサプリ：1錠
- 塩化カルシウム（食品添加物）：0.50g
- 硫酸マグネシウム（食品添加物）：0.25g
- 10倍に希釈したリン酸（食品添加物）：1.4mL

C：ブドウ糖
100mLあたり：0.45g

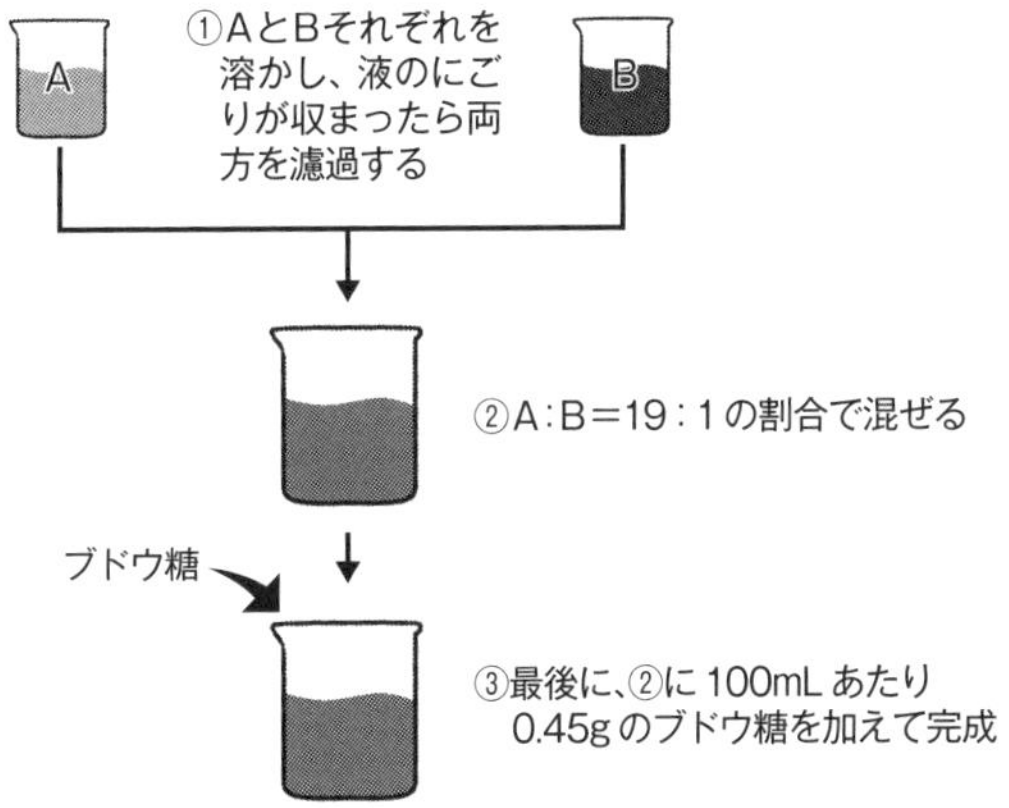

①AとBそれぞれを溶かし、液のにごりが収まったら両方を濾過する
②A：B＝19：1の割合で混ぜる

③最後に、②に100mLあたり0.45gのブドウ糖を加えて完成

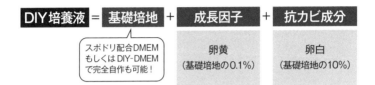

【ステップ5】培養装置を用意する

細胞と培養液を準備するステップを先に紹介しましたが、大切なのは培養環境を整えることです。

細胞を培養するときには、温度と湿度、そして二酸化炭素（CO_2）濃度を一定に保った密閉空間を用意します。ちゃんとした研究では「**CO_2インキュベーター**」**という装置**を使います。インキュベーターとは「培養器」や「恒温器」という意味で、細胞培養の実験をしている研究室ならどこにでもある必須の装置です。

ただし、CO_2インキュベーターは安くても数十万円、通常は100万円を超えます。一般人がとうてい買えるものではないので、これも何かで代用することを考えます。

Shojinmeat Projectがたどり着いた一案は、**おしぼりウォーマー**です。おしぼりウォーマーは通販で簡単に買うことができ、値段も1万円を少し超えるくらいです。

ただし、おしぼりウォーマーの設定温度は70度前後になっており、37度が快適な細胞にとっては灼熱地獄《しゃくねつじごく》で死んでしまいます。

そこで自己責任になってしまいますが、入力電圧が100ボルトになっているところを30ボルトくらいになるように改造すると、庫内の温度を40度弱にすることができます。また、**孵卵器**を活用する手もあります。

電子工作が得意なら、**温度を上げるヒーターと温度感知センサーをつなげて、それを発泡スチロールの箱に取り付ければ完全自作のインキュベーターの完成**です。Shojinmeat Project メンバーの中にはこれをやってのけた人もいます。

ヒーターには、ペットショップや通販などで売っている**温度設定ができる爬虫類《はちゅうるい》用ヒーター**も使えます。シート型になっているので、発泡スチロールの底に敷けば、底面だけでも37度程度に保つことができます（次ページ図21）。

次に、湿度100％は、培養液が蒸発して浸透圧がずれないための設定です。これは**コップに水**を入れておけば大丈夫です。

あとは二酸化炭素濃度です。細胞が増えていくと老廃物も増えて培養液は酸性になってしまい、細胞が増えにくくなります。そこでインキュベーター内に二酸化炭素を発生させておくと、培養液と二酸化炭素が反応して培養液が中性に保たれるようになります。**細胞培養では、二酸化炭素濃度を5％くらいに維持《いじ》**します。体内の二酸化炭素濃度がだいたい

図21　ステップ5：培養装置（インキュベーター）を準備

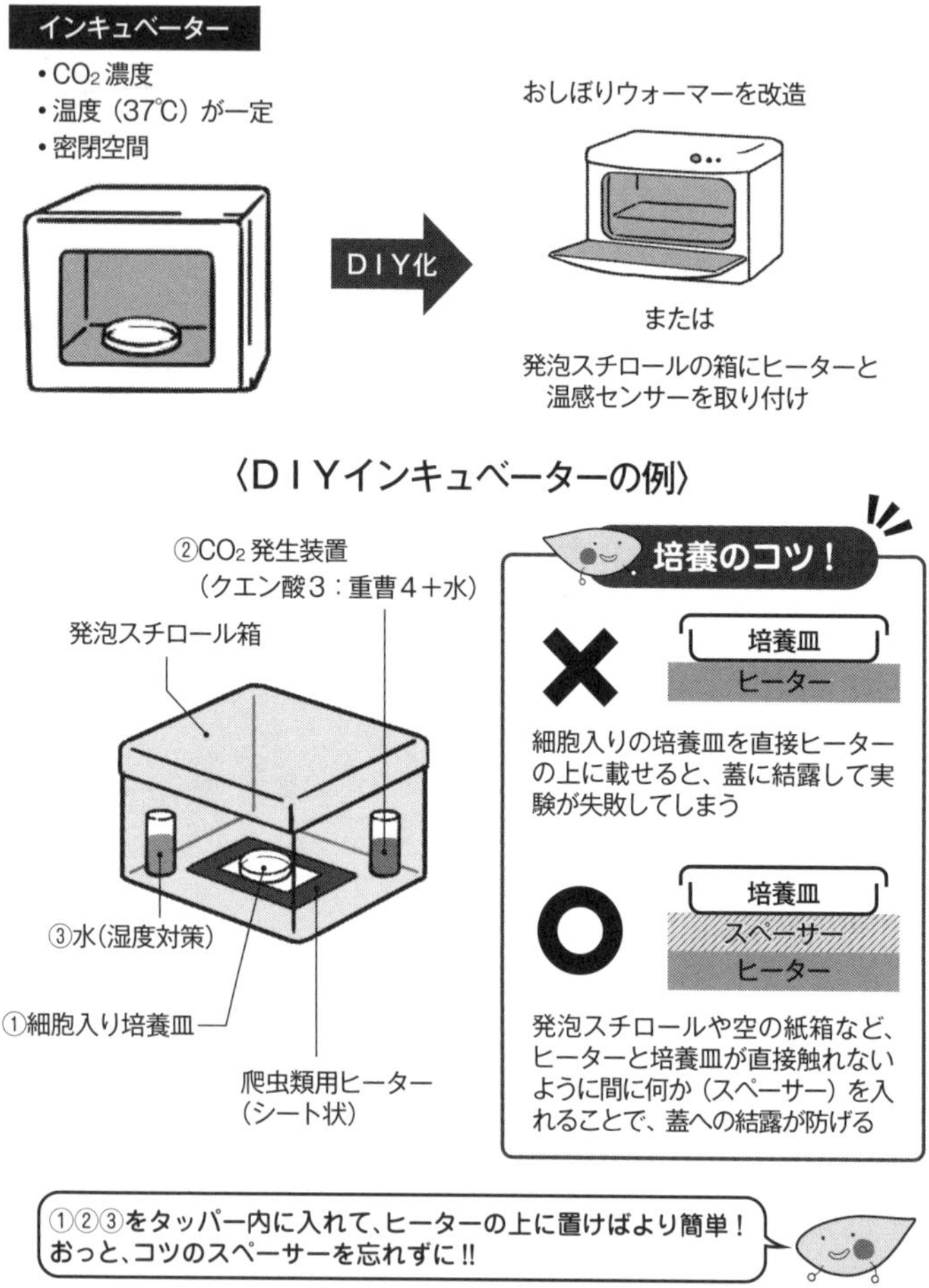
インキュベーター
• CO_2濃度
• 温度（37℃）が一定
• 密閉空間
DIY化
おしぼりウォーマーを改造
または
発泡スチロールの箱にヒーターと
温感センサーを取り付け
〈DIYインキュベーターの例〉
②CO_2発生装置
（クエン酸3：重曹4＋水）
発泡スチロール箱
③水（湿度対策）
①細胞入り培養皿
爬虫類用ヒーター
（シート状）
培養のコツ！
培養皿
ヒーター
細胞入りの培養皿を直接ヒーターの上に載せると、蓋に結露して実験が失敗してしまう
培養皿
スペーサー
ヒーター
発泡スチロールや空の紙箱など、ヒーターと培養皿が直接触れないように間に何か（スペーサー）を入れることで、蓋への結露が防げる
①②③をタッパー内に入れて、ヒーターの上に置けばより簡単！
おっと、コツのスペーサーを忘れずに!!

5％とされており、体内の環境を再現することで細胞にとってはいちばん快適になります。正式なＣＯ$_2$インキュベーターでは二酸化炭素が入っているガスボンベをつなぎ、センサーと調節器で庫内の二酸化炭素濃度を制御《せいぎょ》します。もちろん、一般人にこんな芸当はできません。

そこで高校化学の知識を動員して、クエン酸と重曹《じゅうそう》で二酸化炭素を発生させます。厳密に二酸化炭素濃度5％でなくても細胞は増えてくれます。**重量比でクエン酸が3、重曹が4で混ぜ、水を入れるとぶくぶく泡立って二酸化炭素が発生**します。密閉性という意味では、不完全ながら**タッパーも有効**です。培養皿と水の入ったコップ、そしてクエン酸と重曹の二酸化炭素発生装置をタッパーの中に入れて蓋《ふた》をして、タッパーごと37度くらいのインキュベーターの中に入れます。

【ステップ6】雑菌混入対策をする

細胞にとって最大の敵は、細菌やカビといった雑菌です。雑菌のほうが増殖するスピードが大きいため、細胞はあっという間に押しやられて全滅してしまいます。カビなどが放出する毒素も、細胞には危険な存在です。自宅で細胞培養をやろうとすると、たいていの場合、初回は雑菌が増えて失敗します。初見殺し*です。

細胞を培養するときに、**細菌やカビが混入してしまうことを「コンタミネーション」**といいます。本来は「汚染」という意味で、研究者はよく「コンタミ」と言っています。

コンタミのやっかいなところは、相手が目に見えないことです。細菌やカビが「かもすぞー」と叫んでいる様子が目視できる特殊能力があればいいのですが、そんな能力は誰ももっていません。雑菌やカビのかたまりが目に見えるほどの大きさになったときには「もう細胞は死んでいる」のです。

コンタミしない方法は一つしかありません。事前に雑菌を殺しておき、新しく入り込む余地をつくらないことです（図22）。

【ステップ3】で卵白を入れたのも、コンタミを防ぐためです。しかし、空気や人間の手には多くの雑菌が潜んでいます。これらがいっぱい入ってきてしまうと、卵白が入っていても雑菌が増えてしまいます。

最初にやるべきことは、部屋の掃除です。なぜ？と思われるかもしれませんが、部屋が汚かったりカビっぽいにおいがしたりすると、それだけで実験の失敗率が上がってしまう

＊ゲームなどで、予備知識なしでは確実に食らってしまう攻撃のこと。

図22 ステップ6：雑菌混入（コンタミ）対策

コンタミ（コンタミネーション）対策＝雑菌やカビが混入すると、培養細胞が全滅してしまう!!

①部屋の掃除＋手・器具の消毒　②簡易クリーンベンチをつくる

クリーンベンチ

ＤＩＹクリーンベンチ

（「DIY細胞培養肉へむけて」Shojinmeat Project資料2020.02版）

段ボールでつくった簡易クリーンベンチ
• 空気清浄機代わりにドライヤーを取り付けている

のです。実験スペースを確保することも兼ねて、まずは部屋を掃除しましょう。

　次に、実験スペースをつくります。細胞を扱うときの本格的な実験スペースは「クリーンベンチ」という作業台で、使うときは消毒用の70％エタノールを吹きかけて、使わないときは紫外線を当てて殺菌します。自宅で本格的なものを設置することはできないので、**衣装ケースやアクリル板、段ボール箱などで簡易クリーンベンチ**をつくります。もちろん**中は70％エタノー**

ルで消毒しておきます。そこに**空気清浄機をつなげれば、雑菌が入りにくくなります。**

そして、可能であれば**培養皿などの器具は滅菌済みのもの**を買っておきましょう。難しければ、消毒用の70％エタノールを吹きかけてしっかり乾燥させます。**手にも雑菌が多くいるので、ゴム手袋をしたうえで70％エタノールで消毒**します。

コンタミ対策の難しいところは、特に自宅でやる場合、コンタミを100％防止することはできないということです。一方で、かけ算のように、対策をやればやるだけコンタミの確率が下がるというのも事実です。

コンタミ対策は慣れの問題もあるため、**シャーレに何色かわからないふわふわしたものが見えてきても**（**＝つまり雑菌が繁殖しコンタミした**）、**1回で諦めないことが大切**です。失敗しても、カビが生えてくるまでの時間や日数を記録しておき、生えてくるまでの日数を遅らせるためにはどうすればいいかを考えると、少しずつコンタミを防ぐコツがつかめるようになると思います。

そのためにもこまめに記録をとるようにしましょう。

【ステップ7】細胞を培養して観察する

【ステップ1】と【ステップ2】で細胞を用意し、【ステップ3】と【ステップ4】で培養液も準備しました。【ステップ5】でつくったインキュベーターで、【ステップ6】のコンタミ対策をしながら細胞を培養します。

【ステップ1】で組織をバラバラにしただけの場合には、細胞を含む生理食塩水をスポイトで吸い、37度くらいに温めておいた培養液の中に移します。

【ステップ2】で遠心分離をしたときには、上澄みの液体を捨てて、代わりに培養液を入れて底に沈んでいる細胞を溶かすイメージでやさしくかき混ぜます。そして、培養皿（シャーレや「マルチウェルプレート」というプラスチック容器）に小分けします。

培養皿と水の入ったコップ、そしてクエン酸と重曹の二酸化炭素発生装置をタッパーの中に入れて蓋をして、37度に設定したインキュベーターに入れます（次ページ図23上）。

いよいよ培養スタートです。培養皿という小さなバイオリアクターの中で、細胞が増殖していきます。

図 23　ステップ7：細胞を培養して観察する

〈細胞を培養液に入れて培養スタート〉

・ステップ1でコラゲナーゼがなかった場合

細胞入りの生理食塩水をスポイトで
吸い取り、37度の培養液へ

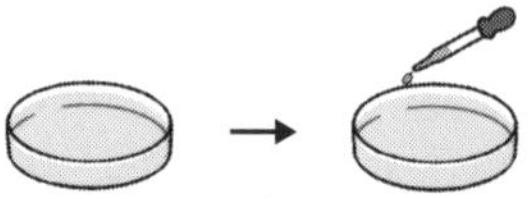

・ステップ2の遠心分離を済ませた場合

チューブの上澄み液を捨て、培養液を加えて
やさしくかき混ぜる。培養皿に小分け

インキュベーターに入れて培養

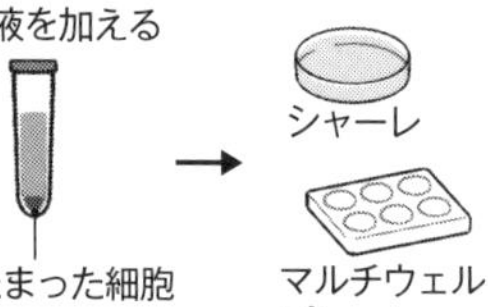

〈1日1回、培養液を入れ替え〉

目的
- 栄養供給（食事）
- 老廃物の除去（お掃除）

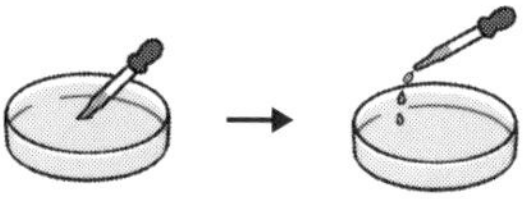

スポイトで上澄み液を取って捨て、
新しい培養液を入れる

注意
- 作業はクリーンベンチ内でおこなう
（雑菌が入り込まないようにスピーディーに）
- 終わったらインキュベーターに戻す

あとは**1日に1回、培養液を入れ替え**ます（図23下）。培養液に含まれている栄養分を細胞が取り込んで分裂するので、定期的に栄養分を供給する必要があるからです。

培養液の交換は、**細胞から出てきた老廃物を取り除く**という意味もあります。細胞は、うまくいっているときには培養皿の底に張りついて増えていくので、多少の水流が起きても流される心配をしなくても大丈夫です。

最初に上澄み液を捨てて、代わりに新しい培養液を入れます。このときもコンタミ対策を忘れずに。タッパーの蓋を開けて培養液を交換する時間を極力短くして、雑菌が入り込む余地を与えないことです。おしゃべりも厳禁です。

せっかくなので細胞を見てみましょう。**40倍くらいのレンズがあれば細胞を見るには十分**です。

スマートフォンにクリップのようにつけるスマホ顕微鏡や、通販でも買える普通の顕微鏡でも見られないことはないのですが、ピント合わせがかなり難しくなります。というのも、培養液が漂う培養皿の底に細胞が張りついているので、培養液の高さがピント合わせの邪魔になるのです。スマホ顕微鏡はオートフォーカスなので、運まかせで偶然《ぐうぜん》ピントが合う瞬間を見逃さないようにするしかありません。

普通の顕微鏡で見るなら、対物レンズが培養液に沈まないように注意する必要があります。**理想的なのは倒立《とうりつ》顕微鏡**というものです。普通の顕微鏡は上から下に向かって対物レンズが伸びていますが、倒立顕微鏡は標本を下から覗き込むように対物レンズが置かれています。倒立顕微鏡を自作したShojinmeat Projectメンバーもいるので、工作に自信のある人はトライしてみてはいかがでしょうか。

培養がうまくいけば細胞は増え続けます（図24）。

図24　増えていく細胞

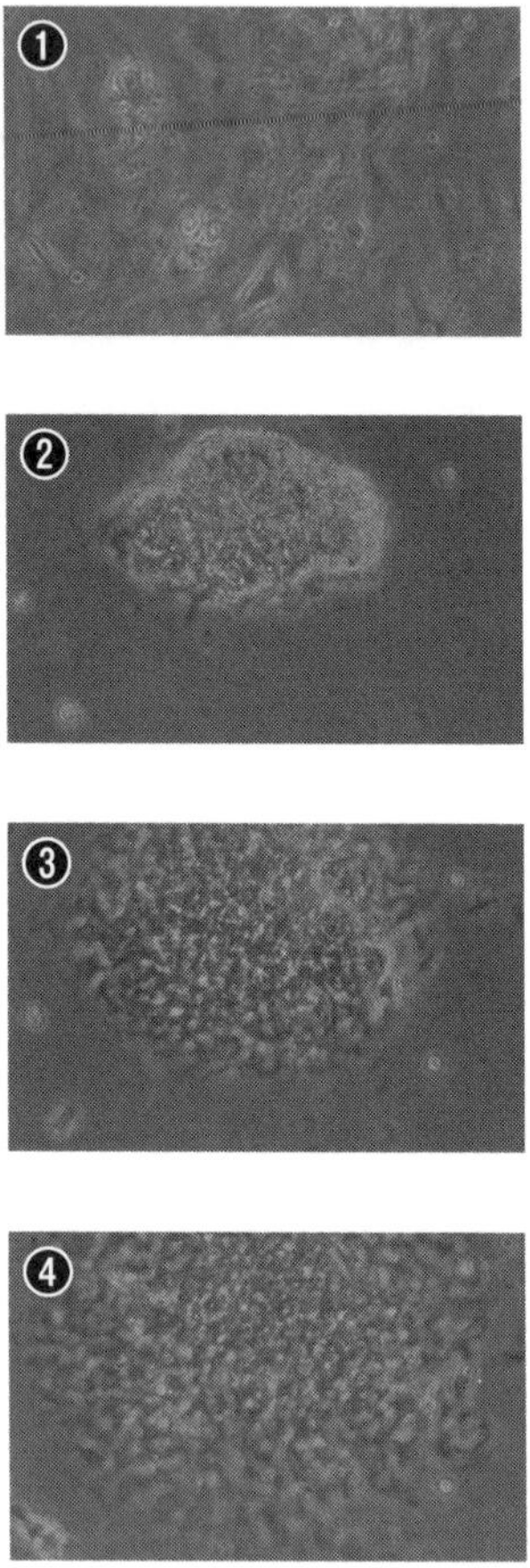

（画像提供Shojinmeat Project）

最初の2〜3日は実感できないかもしれませんが、5日目くらいになってくると顕微鏡で見ていて細胞が明らかに増えているということがわかります。散らばっていた細胞がだんだん集団として見えるようになり、**10日目になると培養皿の底に細胞がみっしり詰まる**ようになります。

もし何も見えなかったら培養は失敗です。記録をもとに改善点を探し、次回またがんばりましょう。

【ステップ8】増えてきた細胞を別の場所に移す

エレベーターに乗れる人数が限られているように、細胞も増えすぎるとスペースと栄養の取り合いになってしまって全滅する可能性が出てきます。そこで、**満杯に増えた細胞を小分けして別の培養皿に移す**「継代《けいだい》」という作業します（次ページ図25上）。

まずは培養液を捨て、生理食塩水を入れます。細胞同士はかなり強くくっついているので、そう簡単にはがすことができません。そこで、**細胞同士をつなげているタンパク質を分解する酵素を使って接着している細胞を引き離す**作業をやります。

図25　ステップ8：増えてきた細胞を別の場所に移す（継代）

継代＝細胞同士がスペースと栄養の取り合いにならないよう、
　　　増えた細胞を小分けにして別の培養皿に移すこと

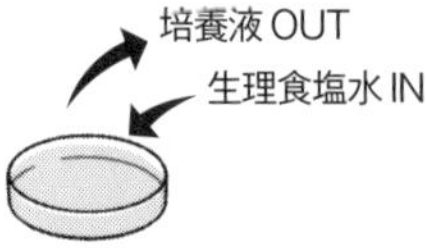

①培養液を捨て、生理食塩水を入れる

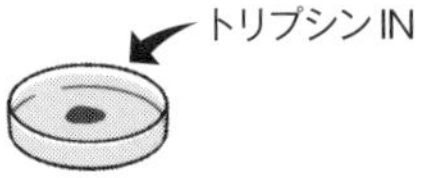

②トリプシンを入れて、37℃で1分間放置
（トリプシンの代わりにお肉をやわらかくする酵素入り味付けパウダーを使ってもOK）

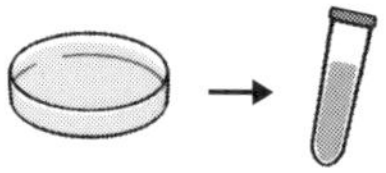

③指ではじいて細胞をはがし、生理食塩水ごと漂う細胞をチューブに移す

④ステップ2（遠心分離）からの作業をくり返し、細胞を培養

〈細胞足場を使う場合〉

- 凍みこんにゃくの上に細胞をのせ、培養液にひたすと、足場を使った培養ができる
- 足場を小分けに切って、新しい足場の上にばらまくことで継代ができる

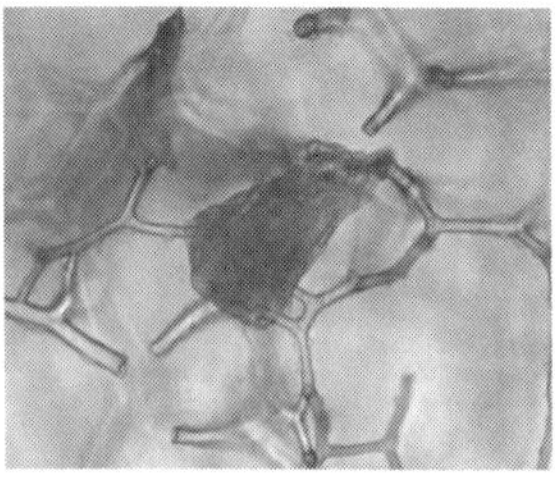

コラーゲン細胞足場上の肝細胞塊
（画像提供インテグリカルチャー）

大学などの研究ではトリプシンという酵素がよく使われるので、もし入手可能ならトリプシンを使うのが確実です。トリプシンを入れて1分もすれば細胞同士の接着はかなりゆるくなり、培養皿の底を指ではじけば細胞をはがすことができます。

こうすれば生理食塩水の中に細胞が漂っている状態になるので、何分割かしてチューブに移し、遠心分離をやって細胞を集めます。ここからは【ステップ2】に戻り、新しい培養皿に移して心ゆくまで細胞を増やします。余った細胞は専用の保存液に入れて凍結保存することもできます。

トリプシンが手に入らないというときには、Shojinmeat Project メンバーが試した中では、**お肉をやわらかくする酵素が入っている味付けパウダー**でうまくいった例があります。お肉をやわらかくする酵素とは、結局のところタンパク質を分解する酵素なので、これで代用できたというわけです。

別の方法もあります。**最初に培養皿の下に「足場」となるものを用意しておき、足場ごと小分けにするという方法**です（図25下）。

大学などの研究室でも、コラーゲンやフィブロネクチンという繊維状のタンパク質を培養皿の底にコーティングしています。そうすることで、細胞の足場となるだけでなく、細胞の増殖や移動などにも使えます。

ＤＩＹ細胞培養では、**足場として凍《し》みこんにゃく**を使います。凍みこんにゃくは、こんにゃくを凍らせる＆乾燥させるをくり返して、水分を飛ばしてスポンジ状になったものです。これが足場としてそこそこ優秀なのです。

凍みこんにゃくを足場として使うときには、事前に電子レンジを使ってしっかり滅菌しておきます。**培養皿に凍みこんにゃくを置き、その上に細胞と培養液を流し込むようにすると、凍みこんにゃくを足場として細胞がくっつく**ようになります。

凍みこんにゃくは立体で非常に表面積が大きくなるので、細胞に十分なスペースを供給することができます。つまり、**継代をしなくても細胞をたくさん増やすことができます。**

培養を始めて10日くらいすると、凍みこんにゃくの上に「何かくっついているかも?」と目視できるくらいの量の細胞ができます。ここまでくればＤＩＹ細胞培養は成功したと言ってもいいでしょう。

【ステップ9】手づくりお肉の完成！

ＤＩＹで培養したお肉――少量ですが、やはり自分でつくったものですから、喜びもひとしおです。はたしてお味はいかがでしょうか。

Shojinmeat Projectでは、２０１６年に、**細胞バンクから購入したハツカネズミの筋肉細胞を使って、１センチ角くらいのＤＩＹ培養肉をつくることに成功**しています。培養皿10枚分くらいが必要で、かき集めて遠心分離をすると見た目は白いモヤモヤです（次ページ図26）。

これを、フライパンで温めたオリーブオイルの中に入れます。オリーブオイル揚げです。最後に塩コショウで味付けして完成です。

では、実食。その感想は……。

「フライドチキンの衣《ころも》の味」

「普通に食べられる」

「揚げ玉みたい」

図 26　Shojinmeat Project でつくったハツカネズミ培養肉

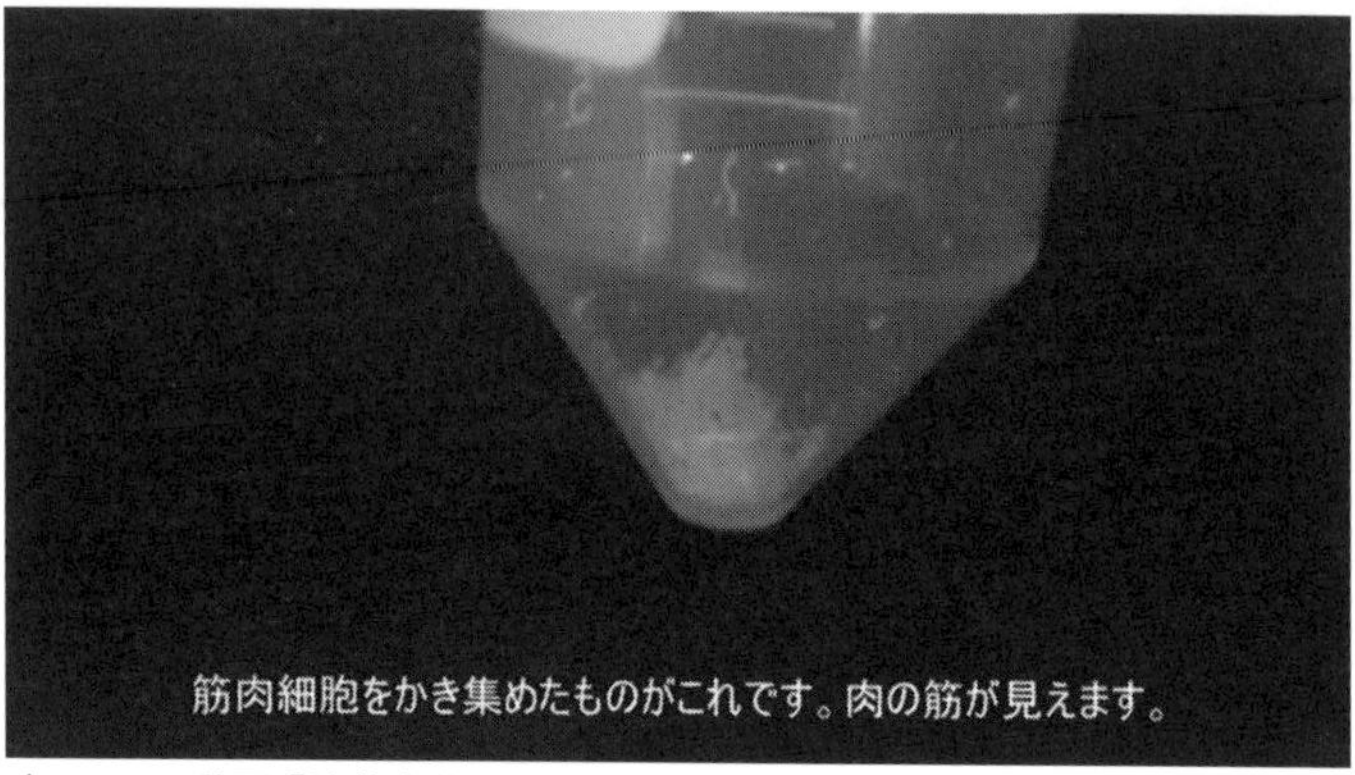
筋肉細胞をかき集めたものがこれです。肉の筋が見えます。

（ニコニコ動画「培養肉作って食べてみた！」
https://www.nicovideo.jp/watch/sm30099092）

「まずくはない」

といった食レポでした。お肉の量に対して、ちょっとオリーブオイルが多かったかもしれません。おいしく食べるには、培養だけでなく料理のスキルも磨かなければ。

ニコニコ動画にアップするためのネタとして、2017年には新技術「凍みこんにゃく細胞足場」を投入して「**DIY培養肉じゃぱりまん**」もつくりました。

「じゃぱりまん」とは、アニメ『けものフレンズ』（けものフレンズプロジェクト作）に登場する食べ物です。作中では、動物がみんなヒトの姿になっていて、おもな食料として肉まんのようなじゃぱりまんを食べています。

でもよく考えてみると、じゃぱりまんの外側の皮の部分は小麦からつくっているとして、中の部分はどうしているのでしょうか。特に肉食のサーバルの場合、何かしらのお肉が入っているはずです。

しかし、豚肉にしろ牛肉にしろ、ブタもウシも「ヒトのキャラ」になってしまっているので、食べるために殺しているとは考えにくいものがあります。なぜならみんな「フレンズ」だからです。のけものにするわけにはいきません。いったい何の肉を食べているのやら……。

そこでネット掲示板での考察の中で目にとまったのが、**「工場でお肉を培養しているのではないか」**というものです。

欧米では、アニマルウェルフェアの観点から培養肉の優位性がアピールされることが多くあるのですが、**『けものフレンズ』の培養肉じゃぱりまんは動物を殺さないという点で数歩先をいっていた**のかもしれません。

というわけで、けものフレンズのコラボカフェで買ったじゃぱりまんの中身を取り出して、DIY培養肉をオリーブオイル揚げしたものを入れて、世界初の「自家製培養肉じゃぱりまん」をつくりました。**そこそこいい味でした!**

このように、一口サイズの培養肉を自宅でつくれるようになり、ノウハウも蓄積してきました。

培養方法などはすべてShojinmeat Projectのウェブサイトに公開してあります。[*] 有志でやっているのでどうしても雑多なまとまりになってしまうのですが、ぜひ一度ご覧いただければと思います。

自宅でDIY細胞培養はできるとして、DIY培養肉と本物のお肉との違いは、やはりジューシーさに欠けるところです。少量であるうえに、**本物のお肉にある脂肪が一切入っていない**からです。脂肪ならではのうまみがないのは、食べ物としてまだまだ改善の余地がおおいにあるところです。

Shojinmeat Projectでは引き続き、自宅で手軽にできるDIY細胞培養に取り組んでいます。

＊ https://shojinmeat.com/wordpress/diycleanmeat/

第5章

細胞農業を広めたい

クリアすべき3つの技術的なハードル

第4章ではDIY培養肉をつくる方法を紹介しましたが、私としては個人で楽しむだけでなく、**火星に培養肉工場を建設し、数万人のコロニー住人の食料を支える夢**を描いています。

ただ、**自宅でDIY培養肉をつくることと、工場で培養肉を大量生産することの間には大きな違いがあります。**

DIY培養肉は、いってみれば自分の部屋に置く小さな棚《たな》をDIYでつくるレベルです。一方、培養肉を工場で大量生産するのは、多くの人が住むマンションを建築するようなものです。「工作する」という点では共通しているかもしれませんが、必要な知識とツールはまったく違うものになります。

同じように、培養肉を大量生産して商業化するとなると、DIY培養肉とは異なる多くの課題があります。

おもな課題は、次の3つです。

・低コスト化
・味や食感の再現
・大規模化と自動化

要は、第1章で紹介した、**初めての培養肉バーガーの問題点を全部解決する必要がある**ということです。

初めての培養肉バーガーは1個3000万円。味はお肉っぽいとのことですが、肉汁のようなジューシーさをもっと求めたいところです。また、当時は培養皿を何百枚も並べるような人海戦術で細胞を培養しましたが、商業化するなら自動化できるところは自動化して大量生産できる体制でなければなりません。

まずは低コスト化です。この点についてはShojinmeat Projectの活動の中で少しずつ見えてきて、いかに**「高額な原料を使わないか」「低価格な原料で代替できないか」**にかかっています。

そして、スーパーで広く売るためには、大量に生産する必要もあります。大規模な生産拠点をつくり、人の手があまりかからないように自動化すれば品質も安定します。

しかし**いまの培養肉は、自宅にしろ研究室にしろ、人間がほぼ職人技でつくっているようなもの**です。Shojinmeat ProjectのＤＩＹ培養肉も1グラムつくるのがやっとで、おなかを満たすならば１００グラム以上はほしいところです。

ビール工場のようになるべく人間が介入《かいにゅう》することなく、一定の品質を保ちながら培養肉をつくる工場も必要です。

安くたくさんつくれても、「安かろう悪かろう」ではいけません。食べ物なので、結局は「うまいかどうか」で決まります。やはり**目指すべきは食べごたえがあるジューシーなステーキ肉**でしょう。その味と形をどうやってつくるかという難題もあります。

この章では、培養肉が食料として現実的になるための問題解決策を考えていきたいと思います。

食品成分だけの基礎培地で低コスト化

最初の課題である「低コスト化」。現在、研究用に専門業者から売られている培養液はかなり高いということはこれまでも書いてきました。

ここでは肝臓細胞を増やすことを考えてみます。いままでは筋肉細胞でお肉をつくることを目指していましたが、先ほどの課題の2つ目に挙げたようにジューシーさをもたらす脂肪をどう組み込むかという難しさがあります。

その点、培養した肝臓細胞は、そのまま食べてもうまみや甘みを感じられます。このことは後で書くようにShojinmeat Projectで実証しています。

さて、従来の方法で肝臓細胞を培養するときには、培養液1リットルをつくるとして、基礎培地《ばいち》としてDMEM《ディーメム》を900ミリリットル、FBSを100ミリリットル用意します。実際にはこれだけでは不十分で、追加でアミノ酸と、成長因子としてHGFとEGFというものを加える必要があります（次ページ図27）。

DMEMは2250円、FBSは9800円、アミノ酸は280円、そしてHGFは40マイクログラムで15万6000円、EGFは20マイクログラムで1400円かかります。

合計すると、**培養液を1リットルつくるのに約17万円**もかかります。この培養液で肝臓の細胞を培養すると、**最終的に肝臓細胞100グラムあたり900万円**もする計算になり

図27　肝臓細胞用の培養液1Lのコスト

基礎培地（DMEM）	900mL	2,250円
FBS	100mL	9,800円
アミノ酸		280円
成長因子（HGF）	40μg	156,000円
成長因子（EGF）	20μg	1,400円
	合計	169,730円

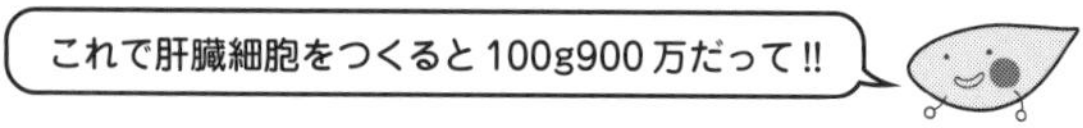
これで肝臓細胞をつくると100g900万だって!!

ます。

このことはインテグリカルチャーだけでなく、**世界の培養肉スタートアップ企業が**課題と考えていて、**価格を抑え、かつFBSを使わない培養液の開発を進めています。**基礎培地やFBSの成分を細かく分析し、安い原料で再構成してコストダウンを図るというアプローチです。

インテグリカルチャーは、まずは基礎培地の低コスト化に取り組み、**DMEMの代わりとなる基礎培地「I-MEM（アイメム）」を独自に開発**しました。**I-MEMには糖類やアミノ酸など、すべて食品として認可されている成分だけを使っています。**製品の分類としては「粉末食品」であり、使うときには水に溶かします。

細胞同士が育て合う「カルネットシステム」

低コスト化のもう一つのターゲットは成長因子です。これがとにかく値段が高い。普通に肝臓細胞を培養しようとすると、**培養液1リットルに対して成長因子は一つまみも要らないのに、値段としては培養液の9割以上を占めるほどの高額商品**です。これに「成長因子基本セット」であるFBSも加わります。これらを何か別のものに置き換えることができれば、大幅なコストダウンになるはずです。

方法はいろいろ考えられます。

成長因子の分子構造を解析《かいせき》し、より少量でも効果を発揮するように分子構造を変えるというアイデアがあります。

あるいは、細菌につくらせて、いまより安価に抽出《ちゅうしゅつ》できるよう、構造的に安定性や耐熱性をもたせるように分子構造を変えるアプローチもあります。これは新薬を開発するときにすでにやっていることで、薬の候補となる分子の構造を少し変えてよりつくりやすく、より効果を発揮しやすいようにして薬の成分を開発しています。

このように、各国の細胞農業スタートアップ企業がさまざまな方法を開発しています。

まったく別の方法もあります。そもそも**成長因子とは、**体の中でとられているものです。言い換えれば、**体の中にある細胞がつくり、血液などに流れて別の細胞に届けている物質**です。

ということは、増やしたい細胞とは別に、成長因子を分泌《ぶんぴつ》する細胞といっしょに培養すれば、培養液の中に成長因子が含まれるようになり、細胞が増えやすくなると考えられます。**成長因子を外から加えるのではなく、いっしょに培養している細胞につくらせる、いわば、成長因子の「内製化」**です。

成長因子の内製化のために、**複数の種類の細胞を同時に培養することを「共培養」**といいます。

イスラエルの企業であるAleph Farms（アレフ・ファームズ）では、一つの容器の中で4種類の細胞（筋細胞、脂肪細胞、支持細胞、血管内皮細胞）を共培養する方法を採用しています。

4種類の細胞から成長因子を含むさまざまな成分が分泌され、お互いに増殖をうながす

図28　共培養方式の「カルネットシステム」

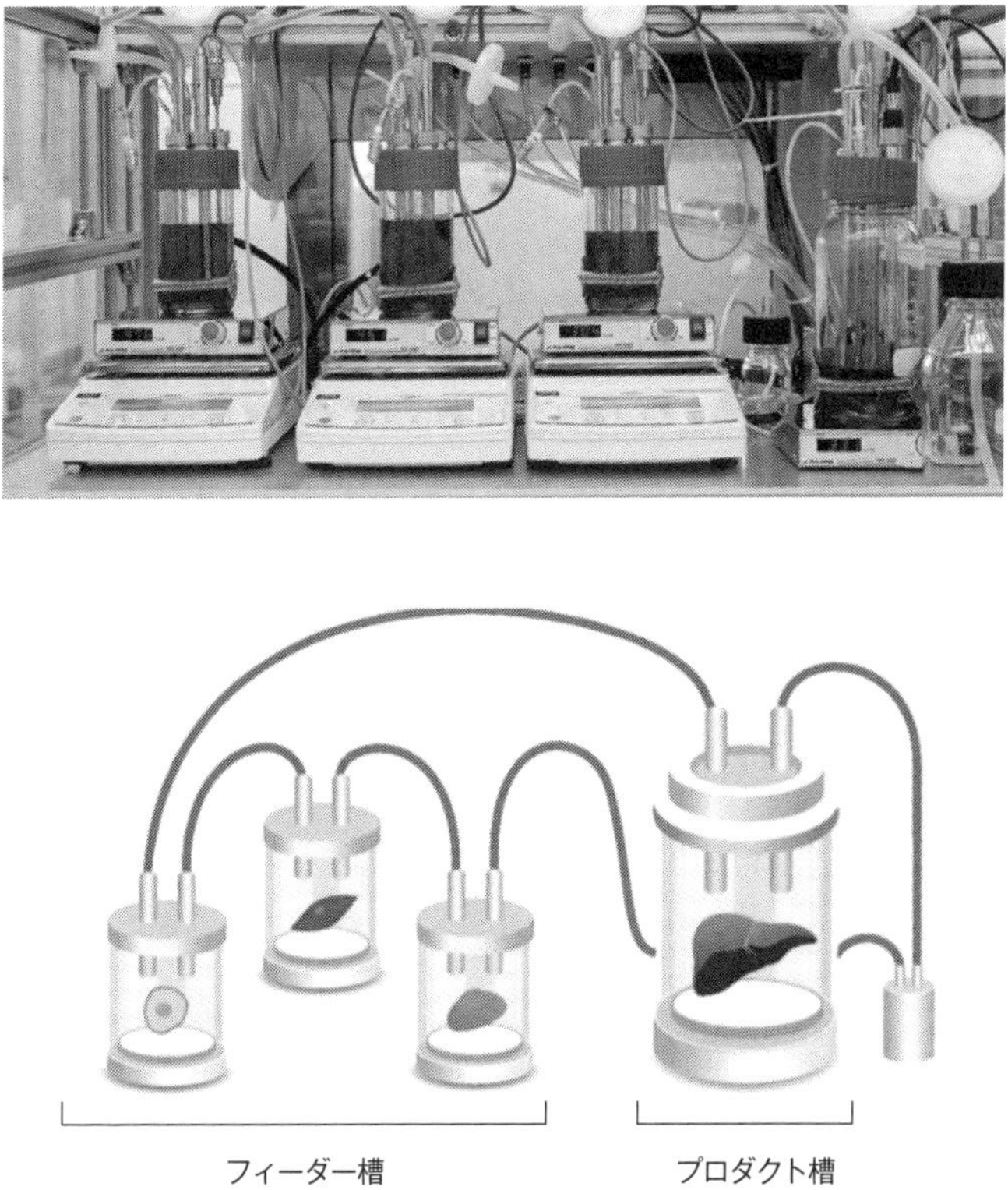

フィーダー槽の細胞から分泌された成長因子などがプロダクト槽の細胞に届き、
プロダクト槽にある細胞が増える（画像提供 インテグリカルチャー）

インテグリカルチャーの「カルネットシステム」（上）とイメージ図（下）

という相互作用と相乗効果を狙っています。

これに対して**インテグリカルチャーでは、それぞれの細胞が入っている容器を複数用意して、容器同士をチューブにつなげて培養液を循環させる方法**をとっています。

体の中では離れている臓器同士が血管でつながっていますが、これを再現した装置と考えてもらっていいと思います。**容器がそれぞれの臓器、チューブが血管**というわけです。

この共培養方式を「**カルネットシステム（CulNet System）**」と呼んでいます（図28）。

カルネットシステムは「プロダクト槽《そう》」と複数の「フィーダー槽」から構成されます。

それぞれの槽がバイオリアクターです。

・プロダクト槽＝（お肉など）増やしたい細胞入り。

・フィーダー槽＝プロダクト槽にある細胞に適した成長因子などを分泌する細胞入り。

このフィーダー槽とプロダクト槽とをチューブでつないで、培養液を循環させると「臓器Aの細胞が臓器Bの細胞を増やし、臓器Bの細胞がさらに臓器Cの細胞を増やし……」という具合に、お互いを増やし合う状況が生まれます。**フィーダー槽の細胞から分泌された成長因子などがプロダクト槽の細胞に届き、プロダクト槽にある細胞が増える**というわけです。

もともと体の中ではこの状況が普通に生じていて、それを「臓器間相互作用」といいます。カルネットシステムは体内の環境を体外で再現したものといえます。

そして、カルネットシステムを使うと、**培養液を定期的に交換するだけで、１３０日以上も続けて細胞を培養できたり、従来よりも短期間で細胞を増やすことができます。**

２０２１年４月、カルネットシステムと先ほど紹介したＩ－ＭＥＭを基礎培地として使って、アヒルの肝臓から取り出した細胞を培養することに、インテグリカルチャーは世界で初めて成功しました。これがプロローグで紹介した２０２３年２月の培養フォアグラにつながっています。

Ｉ－ＭＥＭを使っていますから、原料はすべて食品からできています。**培養コストを計算すると、研究用のＤＭＥＭとＦＢＳを使う場合に比べて約60分の1**になります。

肝臓細胞を効率よく増やすためには、フィーダー槽に入れる細胞の種類の組み合わせがカギになります。第３章で私が自宅実験で最適な組み合わせを探したように、規模は異なりますが、インテグリカルチャーでもスクリーニング実験を何度もくり返し、**最適な臓器細胞の組み合わせを発見**しています。

カルネットシステムのよいところは、**フィーダー槽に入れる細胞の種類の組み合わせ**

を変える――たとえば臓器AとBとCの組み合わせを臓器DとEとAなどに変える**ことで、プロダクト槽で増やす細胞の種類を変えることができる**点です。

いまはニワトリとカモの肝臓由来の細胞で検証しましたが、**ゆくゆくは脂肪や筋肉など別の種類の細胞も低コストで増やすことができる**でしょう。

インテグリカルチャーは、このカルネットシステム自体を他の企業にも提供するサービスも打ち出しています。培養肉に限らず第1章で紹介したレザーも含めて、さまざまな製品が生まれていくことが細胞農業が広まることに通じると考えています。

ところで、カルネットシステムの構想の原点もShojinmeat Projectにあります。Shojinmeat Projectでは、マウスの胎盤の細胞を培養し、使用済み培養液を吸い取って今度はマウスの肝臓の細胞を培養するために使いました。

使用済み培養液のことをShojinmeat Projectでは「出し汁」と呼んでいて、この出し汁と本来の培養液を混ぜて肝臓細胞を培養します。すると、出し汁の濃度が高いほど肝臓細胞が多く増えることが確認できたという経緯があります。

これを最初に思いついたのも、現在インテグリカルチャーのCTOであるDr．IKK

Oこと川島一公です。やり方こそアナログですが、つまりは先述した「臓器間相互作用」の原理を応用していた、ということです。

このときは、『君の膵臓をたべたい』(住野よる著)をオマージュして「君の肝臓をたべたい：培養フォアグラ作って食べてみた」というタイトルでニコニコ動画にあげました。いまではYouTubeにも同じ動画があるので、ぜひご覧ください。

肉肉しい肉をつくりたい

2つ目の課題は「味や食感の再現」です。本物を目指して、培養肉の味や食感はこれからどんどんレベルアップしていくでしょう。培養肉発展のロードマップ(行程表)を見てみましょう(193ページ図29)。

▼現在の培養肉

本物のお肉は筋肉だけでなく脂肪も含まれており、厚みもあります。一方、**現在の培養肉は**「筋肉細胞の集合体」というべきものであり、脂肪が含まれていません。ミンチ状なので、お肉の繊維らしさ（噛みごたえ）は感じられません。いうなれば「**脂身がまったくないひき肉**」です。

ひき肉に近い状態で扱いやすいので、ハンバーグやソーセージ、餃子《ギョーザ》のタネにはいまのままでも十分使えると思います。ひき肉状態の培養肉に植物油脂《ゆし》を混ぜてハンバーグにすれば、ジューシーさもありながら噛みごたえのある食感になるでしょう。

▼次はスライス肉

次の段階は、スライス肉です。しゃぶしゃぶや焼き肉で食べるようなシート状のお肉です。ひき肉とは違い、脂身が最初から入っていて、筋肉が繊維状になっている必要があります。繊維は「スジ」と呼ばれているもので、お肉らしさを感じる理由になっています。

脂身のところは、カルネットシステムのような共培養で脂肪細胞も同時に培養すれば、うまくできそうです。繊維状にする研究も海外ではおこなわれています。

Shojinmeat Projectでは凍《し》みこんにゃくを細胞の足場として使っていましたが、似たような原理で**筋肉細胞を足場の上に集め、その後で細胞が融合して筋繊維になれば、繊維状**

図29　培養肉発展の道のり

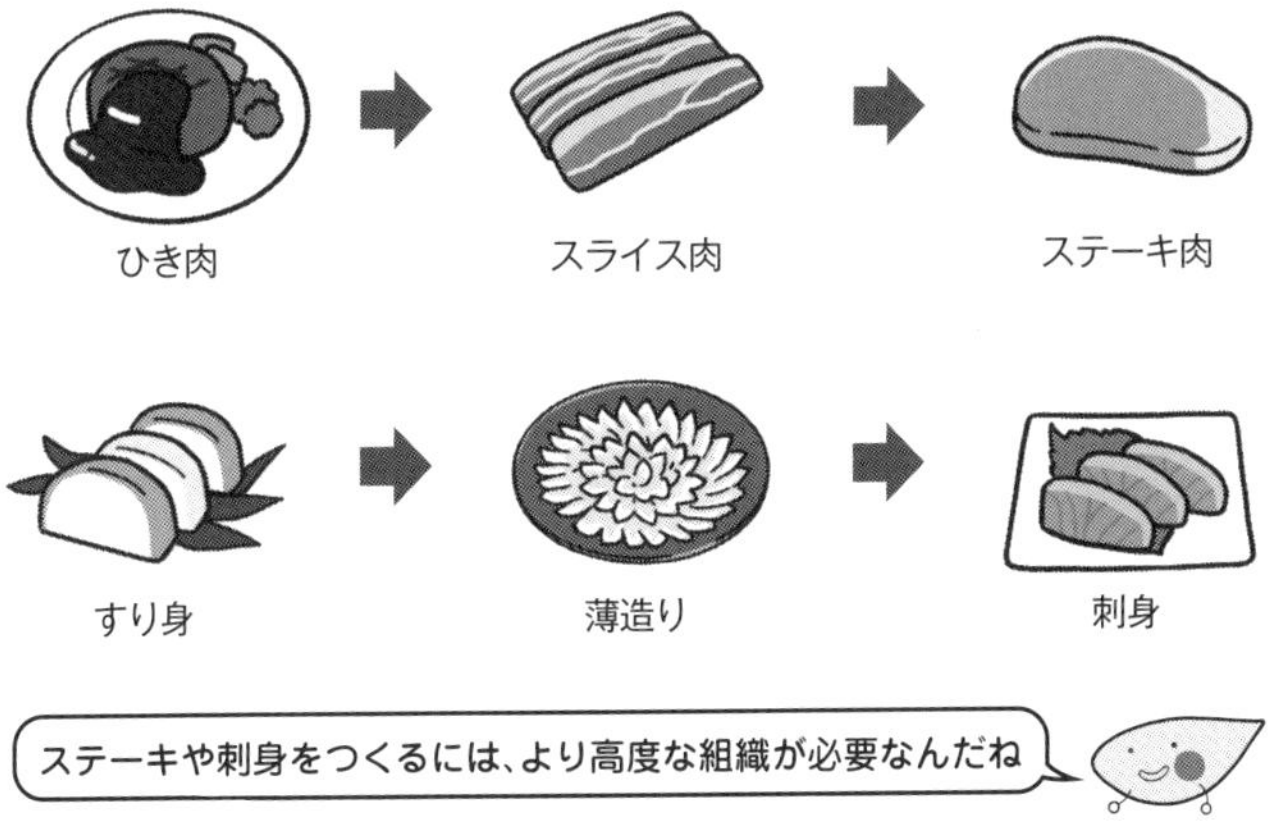

の食感ができると見込まれています。東京大学と日清食品が２０２２年に作製した培養肉は、この方式でつくられています。どのような足場が最適か、どのように筋繊維をつくるかというところで研究がされているようです。

▼「自己組織化」も実現したい

ゆくゆくは、足場も使わずに自然と細胞が集まるようなしくみをつくることが理想です。細胞が自然と集まって機能をもつようになることを「**自己組織化**」といいます。

体内でも自然と赤身と脂身ができていくので、そのしくみを真似《まね》て**自己組織化を再現できれば、赤身と脂身がほどよく混じっ**

たスライス肉ができるでしょう。

▼ゴールはステーキ肉

そして、培養肉が最終的に目指す**ゴールはステーキ肉**です。「単に細胞を積み重ねて厚くすればいいのでは？」と思われるかもしれませんが、ここがいちばん難しいところです。**細胞はモノではなく生きているので、栄養素や酸素を届ける必要があります。**レンガのように単純に積み重ねただけでは、中心部分の細胞に栄養素や酸素を届けることができません。

体の中では、血液や、血管からしみ出した体液の中に栄養素や酸素が含まれており、奥にある細胞にまで届くようになっています。これと似たような環境を再現しないと、ステーキ培養肉は実現できないのです。

体液を細胞のまわりに配置する方法には、第2章で述べたように、３Ｄプリンタを応用したバイオプリンティングがあります。「細胞を積み重ねるだけでなく、細胞と細胞の間に体液に相当するゲルも一緒に排出すれば、ゲルの中にある栄養素などを細胞が利用できるだろう」という考え方です。

ただ、**バイオプリンティングでは細胞のまわりがゲルだらけ**になってしまいます。お肉というものは筋繊維がみっちり詰まっていて、それが噛みごたえにつながっています。それなのに、**バイオプリンティングでつくったステーキ培養肉はゼリーのような食感になる**と思われ、何を食べているのかよくわからなくなってしまいます。

▼再生医療の目指す領域へ

ステーキ肉でも、やはり自己組織化がカギになってくると思います。

難易度はスライス肉よりもさらに高く、**厚みをもたせるだけでなく、中に血管をつくらせて細胞に栄養素や酸素を届けられるようにする**ことも求められます。これは臓器を丸ごとつくるようなものであり、**再生医療が目指すところと重なっています。**

再生医療でも臓器丸ごとつくることはまだできていませんが、そのノウハウはステーキ肉づくりにも応用できると考えられます。

東京女子医科大学の清水先生は、細胞を薄い膜《まく》のようなシート状に増やして、そのシートを何層にも重ねつつ、その中に血管を伸ばすような研究をおこなっています。

細胞をシート状に増やす学問を**「細胞シート工学」**といい、細胞シート工学は再生医療ですでに使われています。たとえば、心筋細胞をシート状に増やし、その細胞シートを心《しん》不全《ふぜん》の患者に移植して心臓の機能を回復させる、という臨床試験がすでにおこなわれています。

いまはまだ薄いシートが限界ですが、**厚みをもたせるようにできれば、再生医療では臓器丸ごと、培養肉ではステーキ肉をつくることができるはずで**、それぞれの分野の研究者が取り組んでいます。

なお、このロードマップは、基本的には魚肉にも共通していえることです。

お肉の、**ひき肉→スライス肉→ステーキ肉**という発展段階は、魚肉でいえば、**すり身→薄造り（フグなど薄く切った身）→刺身**となります。

ただ、魚の場合、培養方法などがお肉と異なる部分がいろいろ出てくるでしょう。先にも述べましたが、細胞培養の温度もお肉は37度が最適なのに対して、魚の細胞は25〜28度と低めです（ちなみに貝や昆虫は15〜25度）。

なお、お肉の赤い色は、筋肉の中にあるミオグロビン（鉄を含んだ色素タンパク質。酸素を蓄えるはたらきをする）の色です。細胞自体はほとんど無色、せいぜい白っぽい色なので、現状の培養肉はみな、赤い成分を足して肉感を出しています。哺乳類《ほにゅうるい》や鳥類は血も赤く、これは血管内のヘモグロビンの色です。

ところが魚介類の中にはイカやタコ、エビなど血が青いものがいます。これは血管内の成分がヘモグロビンではなく、ヘモシアニンだから。ヘモシアニン自体は無色ですが、酸素にふれると青く変色するのです。

そんなことから想像すると、**培養シーフードでは青色のものが登場するかも**しれません。

職人技から食品工場生産へ

3つ目の課題は「大規模化と自動化」です。

現在の培養肉は、いってみれば研究室で細々と職人技のようにつくっているようなものです。2013年にマーク・ポスト教授が世界で初めて培養肉ハンバーガーをつくったときは、とにかく手作業で大量につくったものを寄せ集めたものです。だからこそ1個3000万円という、とんでもない値段になってしまったわけです。

培養液の工夫で価格はもっと抑えられるようになっていますが、商品としてスーパーで欠品しないように安定的に供給するためには、大規模に生産する必要があります。

いまの培養肉は、個人経営のお店でつくる一品料理みたいなものです。一方、**スーパーにならぶ冷凍食品は、食品工場で大量に生産したもの**です。**食品工場なら、大量かつ安価につくることができます。**

生き物を扱うという点では、ビールや日本酒の製造に近いかもしれません。ビールではビール酵母《こうぼ》を、日本酒では麴菌《こうじきん》と清酒《せいしゅ》酵母を使います。絶妙な温度管理や品質管理が求められますが、大手メーカーが巨大なバイオリアクターの中でさまざまなセンサーを使ってビールをつくっています。

日本酒も、歴史の最初のころは『君の名は。』*で出てきたように個人でつくる口嚙酒《くちかみざけ》（米を口の中で嚙み、それを吐き出し容器にため、放置してつくるお酒のこと）でしたが、やがて小規模な酒蔵ができ、いまでは大手メーカーがつくるようになっています。

培養肉も同じように、研究室でつくるものから、いずれは大規模な工場でつくるものになっていくと思います。培養液のコストダウンと共培養による効率化も含めて、**大規模工場で生産したときの原価は１キロあたり１５０円になると試算**されています。これくらい

＊新海誠監督のアニメ映画。夢の中で“入れ替わる”少年と少女をつなげるきっかけとなるのが口嚙酒

なら、いまのお肉と十分価格競争できるでしょう。

培養肉は「地球にやさしい」か？

ところで、いまの畜産方式ではなく培養方式でお肉をつくるメリットの一つに、**「二酸化炭素やメタンガスなどの温室効果ガスを削減できるため地球にやさしい」という主張がありますが、これについてはまだ評価が難しく、簡単に言い切ることはできない**のが実情です。

第1章で書いたように、「温室効果ガスの総排出量の18％は、家畜のゲップや土地確保のための森林破壊によるものと推定」されています。もし仮にすべてのお肉が培養肉に置き換われば、畜産業による温室効果ガスの排出は減るかもしれませんが、培養工場を稼働するためには電力が必要です。その電力を化石燃料でまかなう、つまり火力発電をするなら、総量は減るかもしれませんが、別の形で二酸化炭素を排出することになります。

また、培養でできるアンモニアなどの老廃物も、環境負荷の低い方法で処理する必要があります。

ものづくりにおいて、**原料の生産から調達、製造、廃棄管理、流通までのすべての工程を考慮したうえで環境への負荷を評価することを「ライフサイクルアセスメント」**といいます。「ゆりかごから墓場まで」の総合的な環境負荷を評価することです。

培養肉は開発中の技術ということもあり、正確なライフサイクルアセスメントができないため、**畜産業と比べたときの環境負荷がどうなのか、まだわからない**のが現状です。培養肉の生産方式がある程度標準化されたころに、ライフサイクルアセスメントがあらためて注目されてくると思います。

ただし現時点でも、どのライフサイクルアセスメントの事例を見ても、**土地と水は大幅に節約できそう**です。電力の脱炭素化の効果が大きいことも共通していえます。

第6章

細胞農業の未来に向かって、いろいろやろう!

培養肉はいつ販売になるのか

本書では培養肉をメインディッシュにして、細胞農業のさまざまな可能性とロマン、少々の理屈《りくつ》を書いてきました。それでも、培養肉の販売にはまだたどり着いていません。

インテグリカルチャーでは培養フォアグラをつくる技術は確立してきていますが、販売はしていません。その理由は、「販売ルールが定まっていないから」です。

正確にいうと、日本では「培養肉を販売してはいけない」という禁止ルールはありません。しかし、「この条件なら培養肉を販売していい」という基準もまったくないので、どっちつかずの状況が続いています。

食品として販売するには、大原則として「食品もしくは食品添加物から構成され、適正な工程管理のもとにつくられたものに限る」とされています。食品とは、食経験のあるものを指します。また、食品添加物は厚生労働大臣が指定したものだけが使用でき、使用量の上限や用途が決まっているものもあります。

培養肉の細胞そのものは、ウシであれニワトリであれ、人類が長く食べてきたものなので、食品とみなすことができるでしょう。培養液のうち、基礎培地はインテグリカルチャーが開発した食品由来（食品添加物も含む）のＩ－ＭＥＭを使えば食品扱いになります。

もし、成長因子を加えるなら、その成長因子の安全性試験の結果と食品添加物登録が必要で、ハードルは高くなります。

インテグリカルチャーでは、共培養方式のカルネットシステムで、別の種類の細胞に成長因子をつくらせています。**ウシやニワトリの体内では成長因子は当たり前に存在していて、成長因子なしにお肉はできないので、カルネットシステムは原理上、生体内を再現しているにすぎません。**が、これをどうみなすかは国の判断によるのかもしれません。

どうしてそういう国の判断が求められるかというと、「食べても大丈夫なのか」という安全性の問題と直結するからです。

食品の安全については、食品安全基本法や食品衛生法という法律があります。この法律では、食品の健康に対する影響を科学的かつ客観的に評価するために、「リスク分析」という考え方を取り入れています。

当然、培養肉もこの法にのっとった形で、解釈されなければなりません。

たとえば、食中毒のようなリスクを考えてみましょう。

食中毒というと「腐ったものを食べた」というイメージをもつ方が多いと思います。なぜ腐ったものを食べると食中毒になるかというと、雑菌《ざっきん》が繁殖《はんしょく》して人体にとって有毒な物質がつくられるからです。

また、見た目には腐っていなくても、そこに病原体がいて、人体の中で毒をつくると食中毒になります。前者の例としては黄色《おうしょく》ブドウ球菌《きゅうきん》や一般的なカビ、後者の例にはノロウイルスやアニサキスなどがあります。

培養肉も、培養過程で雑菌が混入して増えてしまうと食中毒を起こす可能性があります。そのため、雑菌に関する何らかの基準があると望ましいといえます。そうでなければ、買う人は「この培養肉は食べても大丈夫なのか、雑菌まみれになっていないか」と不安になってしまいます。

培養肉はいまのところ無菌状態で細胞を培養することを前提にしているので、雑菌が混入しないよう厳しい衛生管理のもとでつくられると予想されます。

現実問題として、培養肉をつくる途中で雑菌が混入すると、雑菌ばかりが繁殖して細胞が死滅する「コンタミ」の状態になり、培養肉がそもそもつくれなくなってしまう――ということは、第4章のDIY培養肉の話をすでに読んだみなさんは、よくおわかりのことでしょう。

一方、**現在のお肉には、動物から切り出した後に「熟成」という工程があります。**巨大な冷蔵庫に数日間置いておくことで、肉や冷蔵庫にいる細菌がお肉のタンパク質を分解してアミノ酸にすることで、お肉がやわらかくなったり、うまみが増したりする作用があります。

培養肉は基本的には無菌なので、もしかしたらそのままでは熟成がうまくいかない可能性があります。熟成をしないという前提に立ってやわらかさやうまみをつくり出すか、培養後にわざと熟成用の細菌を加える、というステップが必要になるかもしれません。

培養肉の普及に向けて、さまざまなルールづくりがこれから急速に進んでいくことを期待しています。

一番乗りのシンガポール、せめぎ合いのアメリカ

海外ではどのようなルールになっているのでしょうか。

世界でいち早く培養肉販売が承認されたシンガポールでは、「新規食品（novel food）」というものを定めています。シンガポール食品庁（SFA）が「新規食品とは「食品としての安全な摂取歴のない食品および食材」としていて、「少なくとも20年間、継続的に食事の一部として消費され、人体への悪影響が報告されていない食品および食品成分」とみなしています。

培養肉を含む細胞性食品は、20年以上継続的に食べられているものではないので、新規食品に該当し、SFAから販売承認を取得する必要があります。

販売承認を取得するためには、安全性評価を受けることになります。細胞の出どころや感染性物質（ウイルスや細菌、プリオンなど）が含まれていないこと、培養液の構成や毒性などのデータを提出して、販売してもいいかが検討されます。

承認されて販売するときには、パッケージに「培養（cultured）」や「細胞由来（cell-based）」のように培養肉であることがわかる表示にしなければいけません。

シンガポールで培養肉を販売しているイート・ジャスト社も、SFAから認証を受けて販売にこぎつけています。

シンガポールは食料自給率が10％くらいで、培養肉を含むフードテックによって食料自

給率を30％に上げる政策を掲げています。そうした背景もあり、培養肉の販売には比較的前向きのようです。実際、培養肉や植物ベースの代替肉の生産工場が、外資系によってつくられています。

アメリカでは少しややこしい状況が続いています。

新しい食品成分や遺伝子組換え食品の規制は**米国食品医薬品局（FDA）**の所管ですが、肉や卵などの畜産物の安全基準や商品表示については**農務省**の管轄となっており、**培養肉をどちらの機関でどのように規制するのかについて複雑な議論**が続いています。

加えて、**各団体がロビー活動を活発におこなっている**ようです。

アメリカ肉牛生産者協会（USCA）は、植物由来の代替肉（植物肉）や培養肉を「肉（meat）」と呼ぶことは消費者を欺《あざむ》くことになるとして、植物肉や培養肉に「肉」という名称をつけることを禁止するよう主張しています。

2018年にはミズーリ州で、従来のお肉ではない製品には「植物由来」「実験室で製造」といった表記をするよう州法が制定されました。

しかしこの州法に対して、植物肉と培養肉を推進する非営利団体グッドフード・インスティテュートは合衆国憲法に違反しているとして提訴し、3年争った末に勝訴しました。

2022年、アメリカで培養肉販売に向けた第一歩

そんなせめぎ合いが続くアメリカでしたが、2022年も年末に突入しようかという時期に大きな動きがありました。**アメリカのアップサイド・フーズ社がつくる培養鶏肉が、FDAから安全性に問題なしという認証を取得**したのです。

これはアメリカ国内で初めてのことです。**アメリカで培養肉販売に向けた第一歩となったようなもの**であり、今後さらに他の培養肉メーカーが続くと思われます。

また、日本を含めた他の国でも「アメリカのFDAはこのようにして安全性を審査しました」という前例を引き合いにすることで、各国での安全性認証の手続きがスムーズになる可能性があります。

FDAとアップサイド・フーズ社のやりとりはウェブで公開されているので、いくつかポイントを要約してみましょう。

▼約4年間かけたアップサイド・フーズ社の「上市前相談」

そもそもFDAとしても培養肉の安全性審査は初めてのことなので、FDAも培養肉メーカーと話し合いをしながら慎重に進めることになります。「上市前相談《じょうしまえ》（Pre-market consultation）」という市場に出す前の段階のもので、培養肉メーカーがどのようなデータを提出できるか、そのデータから安全性を評価できるか、ということを模索しながら議論します。

ウェブで公開されている文書には、最初の提出日が2021年10月1日となっています。ただ、アップサイド・フーズ社CEOがロイター通信に語ったことによると、FDAには4年間協力したそうです。

これが本当だとすると、**2018年ごろからFDAとアップサイド・フーズ社が話し合いを始めており、2021年にようやく正式な文書を提出した、**ということになります。

▼原料や製造方法についてFDAと協議

文書には、培養鶏肉をつくるのに使われている原料や方法について、その安全性や、その方法を実施することでなぜ安全性が担保されるのか、トラブル時にはどう対応するかなどが書かれています。

これに対して、ＦＤＡが追加質問をおこない、アップサイド・フーズ社が回答をする。このやりとりを何回か経て、ＦＤＡが「質問はありません」となれば、ＦＤＡとしては安全性について懸念《けねん》事項はない、つまり**事実上の安全性認定**ということになります。

▼販売までにはまだ要解決事項がある

なお、これはあくまで、

「アップサイド・フーズ社が今回提出した方法でつくる培養鶏肉は、アメリカ国内で流通するぶんには安全性の懸念はない」

というものであり、**すぐに培養鶏肉が販売されるわけではありません。**

販売にこぎつけるには、**食品表示としてどうするかのルールを定め、生産工場における製造許可が下りる必要があります。**

日本でも、全体の安全性は厚生労働省がとりまとめますが、食品表示は消費者庁が担い、食品工場の営業（稼働）を許可するのは各都道府県の保健所というように、評価する内容によって管轄《かんかつ》が違うのと同じです。

ただし出発点として、ＦＤＡは、培養肉は製造方法は新しいが、出来上がったものは既存の食品と同じである、という判断をしているようです。

縦割り行政と批判されようと、培養肉を特別扱いせず、既存の食品安全評価枠の中で扱っていることに、ＦＤＡによる法的秩序維持の強い意思が感じられます。

▼発酵や醸造に近いつくり方をしている

さて、文書では、培養鶏肉のつくり方について、

「つくり方自体は発酵《はっこう》や醸造《じょうぞう》に近く、そうした食品工場でおこなわれている国際基準の安全管理や品質管理と同じことをやっている」

といったことが書かれています。

発酵や醸造とは微生物を使った生産方法で、ヨーグルトやお酒などをつくる方法です。ヨーグルトなら乳酸菌やビフィズス菌、お酒なら酵母などを使うのですが、細胞を育てながらつくるという点では培養鶏肉も同じです。

文書にはこんな表現もあります。

「培養肉製造とは、培養液成分から可食バイオマスへの生物学的変換」

培養液成分とはこれまでも説明してきたとおり、アミノ酸や糖分、ビタミンなどのことです。バイオマスとは「生物由来物質」のことなので、可食バイオマスとは今回の場合、要するにお肉のこと。生物学的変換とは、生物（この場合は細胞）の働きによる変換ということ。

つまり「**糖分やアミノ酸などからできた培養液を細胞という生物が組み立てて、肉という食べられるバイオマスに変換している**」という意味です。培養肉製造とは体内で起こっている事象と同等だ、ということがよくわかる表現だと思います。

▼微生物検査を徹底している

スーパーに並んでいるヨーグルトは、商品によって○○菌配合とうたっていますが、○○菌が入っていると同時に「不要な菌が入ってもいけない」という条件があります。不要な菌が入ってしまうと、その菌が発酵の邪魔をしてしまい、ヨーグルトをつくることができません。

培養鶏肉も、ニワトリ以外の細胞や微生物が入らないよう徹底管理するということです。具体的には、サルモネラやカンピロバクターといった食中毒菌や、ニワトリから人間に感染するインフルエンザウイルスなどを、培養前の検査対象にしています。

これは先ほども述べたように、現実問題として、培養鶏肉を食べた人が食中毒を起こすというよりも、そもそも不要な微生物が混入すると育てたい細胞が増えずに全滅するコンタミ対策ということがあります。

分野は違いますが、半導体製造でも、チップの上に細菌が1個でもついてしまうとチップへの回路書き込みは失敗し、不良品となってしまうそうです。

培養の最大の敵はコンタミです。安定して培養できるよう、微生物検査を徹底するということを意味します。

▼厳しい基準「ＧＭＰ」による安全・品質管理

食品工場としても適正製造規範（Good Manufacturing Practice、ＧＭＰ）と呼ばれる国際基準に従った管理をしています。

従業員は白衣と帽子、専用の靴を身につけたうえで工場内に入ります。日本でも、工場見学のシーンで全身白ずくめの作業着を見かけますが、あれと同じことです。帽子は、髪の毛などが製品に混入しないように着用します。異物混入の原因となる指輪や腕時計などは外してから現場に入室します。

GMPでは製造手順が厳密に定められており、実際におこなった手順をすべて記録しなければなりません。

アップサイド・フーズ社の培養鶏肉も同じように、すべての手順を文書で記録し、文書の保存とバージョン管理、改竄《かいざん》防止対策も徹底しています。万が一のリコールに備えた対処指針や、自然災害発生時のマニュアルもつくられています。

ハード、ソフト、マニュアルの三位《さんみ》一体で安全と防災を実現しており、このあたりは培養肉スタートアップ各社とも勉強になるところでしょう。

▼アップサイド・フーズ社の培養方法とは

培養する細胞は、今回の場合は有精卵から採取するとのことです。

微生物が感染していないなど、培養に適した細胞を選び出したうえで、まずは小規模で**液体の中で細胞がプカプカ浮かぶ状態にして細胞を増やす「浮遊培養」という方法**をとっています。

Shojinmeat Projectでは凍みこんにゃくを使って足場で細胞が増えるように工夫してい

るのですが、アップサイド・フーズ社では液体の中で浮かんでいてもお互いを足場にして増殖するような細胞をここで選別しているようです。

場合によってはニワトリ特有の遺伝子を調べるなどして、動物種や品質に問題がなければ、いったん「細胞バンク」として保存しておきます。農業でいう、種《たね》の状態で保管しておきます。

培養鶏肉をつくるときには、細胞バンクから細胞を取り出し、まずは小規模で細胞を増やします。すると、少し黄色がかった、とろっとした不透明なスープのような見た目になります。

このスープを「組織生成バイオリアクター」という大規模な細胞培養装置に移して、見た目にも鶏肉になるまで培養を続けます。

ここまでの培養で使っている培地は、ふだんから食品や飼料で使われているものを使用していて、糖分、アミノ酸、脂肪、塩分、ビタミン、ミネラルなどが含まれています。つまり食品グレードです。

凍みこんにゃくのような足場は使っていないと文書に書いてあることから、何かしらの特殊技術を使って、足場なしでも厚みのある培養鶏肉をつくっていることがうかがえます。

▼「鶏肉」であることの証明

ところで、培養鶏肉は本当に「鶏肉」なのでしょうか。これはいかにも細胞農業ならではの質問です。それを証明するために、アップサイド・フーズ社はさまざまな分析をしています。

動物種を特定するためにＥＬＩＳＡ《エライサ》（抗原抗体反応を使った微量定量法の一種）という方法で分析すると、**たしかに通常の鶏肉と同じという結果**が得られました。**食品成分表にある水分、炭水化物、タンパク質、脂質、カロリー、ミネラル、pHを分析すると、通常の鶏肉とほとんど変わらない**とのことでした。

▼FDAが安全性を認めた最終結論

その後、ＦＤＡからの追加の質問にアップサイド・フーズ社が回答し、最後にＦＤＡは次のような結論を出しました。

「アップサイド・フーズ社から提供されたＣＣ０００２（注：今回申請した培養鶏肉のこと）のデータと情報、およびＦＤＡが入手できる他の情報に基づき、記載された製造工程において、食品中で不純物となるあらゆる物質や微生物が発生または含有すると予想づける根拠は確認されませんでした。CCC002で定義された製造工程から生じる培養鶏肉の原料から構成される、またはそれを含む食品は、他の方法で製造された同等の食品と同じく安全であるというアップサイド・フーズ社の結論に、現時点では何の質問もありません」

つまり、**アップサイド・フーズ社の主張に懸念はなく、間接的な表現ですが安全性を認証した**ということになります。

くり返しになりますが、これでアップサイド・フーズ社の培養鶏肉が販売できるわけではなく、生産工場が問題なく生産できる体制が実際に整っているかなどの調査が別にあります。

とはいえ、**大国アメリカで安全性認証を取得したのは培養肉業界にとっても大きなインパクト**をもたらしています。培養肉の普及にはまだ時間がかかるかもしれませんが、その道筋が少しずつ見えてきていると思っています。

2023年3月には米イート・ジャストの培養肉ブランド「グッド・ミート」が、FDAから「安全性に問題なし」の認証を得ました。アップサイド・フーズ社に続き、世界で

2例目です。アメリカでは培養肉販売に向けて加速しているようです。

細胞農業が当たり前となった未来を見てみよう

ここからは、培養肉を含む細胞農業全体の話をしたいと思います。培養肉が当たり前のように販売され、お肉に限らずさまざまな製品がつくられるようになり、市場も大きくなったら、世の中はどのように変わるのか、想像してみたいと思います。

まずは食品業界です。現在売られているお肉と同じものだけでなく、いままでの畜産業や漁業では不可能だった食品も生まれてくるでしょう。

絶滅が危惧《きぐ》されていていまは食べることができない動物、たとえば沖縄に生息するヤンバルクイナの細胞を培養してつくった**培養ヤンバルクイナ肉が意外とおいしく、ブームになる**未来がやってくるかもしれません。

ほかにも、**毒のないフグの卵巣**もできます。フグの卵巣にはテトロドトキシンという猛毒が含まれていますが、これはフグ自体がつくっているのではなく、もとをたどると海にいる細菌がつくっていることは先に述べました。この細菌をヒトデや貝が食べ、さらにフグが食べることでフグの肝や卵巣に毒が蓄積されます。

フグの卵巣は3年間ぬか漬けにするとなぜか毒が分解され（なぜ毒がなくなるのか、いまだにくわしいしくみはわかっていません）、食べられるようになります。フグの卵巣を食べようとすると、いまはぬか漬けだけが唯一《ゆいいつ》の選択肢です。

しかし、細胞農業は基本的に無菌でおこなうので、培養によってフグの卵巣をつくることができれば、毒の心配をする必要はありません。**フグの卵巣をお刺身で食べる**という、いままでどの人類も経験できなかったことができるようになります。

逆に、いまのお肉には含まれていない成分を入れることも可能です。

食物繊維が入ったお肉はいかがでしょう。食物繊維は腸《ちょう》の環境を整えて便秘や下痢《げり》を予防するだけでなく、最近では腸内細菌のエサとなって全身の健康にも影響していると考えられている、重要な栄養素です。野菜や豆類、果物、きのこ、海藻に多く含まれていますが、お肉にはほとんど含まれていません。

共培養方式で、食物繊維をつくる植物細胞と一緒に培養すれば、食物繊維がふんだんに含まれているお肉ができるかもしれません。

数十年後、人類は宇宙に活動範囲を広げ、**月や火星に住んでいる人たちのための食料が細胞農業によって生産される**ようになります。私が最初に培養肉をやろうと思ったSF作品のシーンがいよいよ実現するわけです。個人的なロマンですが、想像するだけでワクワクします。

さらに100年スパンの話になるかと思いますが、恒星間宇宙船の中では、肉だけでなく**米や果物や野菜などすべての食材を細胞農業でつくる**こともありうるでしょう。

そのような未来では、地上でも、**省スペース・短時間で食べ物を効率よくつくることができる細胞農業が当たり前になる**可能性は十分にあります。

そこまで遠い未来を見なくとも、シンガポールは国土が狭《せま》く、食料の多くを輸入に頼っていて、食料自給率の低さを打破するために細胞農業に力を入れています。日本も他人事ではなく、食料自給率（カロリーベース）は2021年で38％です。

細胞農業が日本国内で盛んになれば、**食料自給率が大きく上がる**と期待できます。

やがて、肉は肉でなくなる!?

こうなってくると、お肉に対する感覚も大きく変わるかもしれません。「生きている動物を殺してまでお肉を食べたいとは思わない」という考えが多数派になる可能性があります。この過程についてもう少しくわしく考えます。

培養肉が普及しはじめたころの人たちを「第1世代」と呼びましょう。

第1世代では、環境負荷や動物愛護の理由で培養肉を選ぶ人が増えてきます。大量生産が可能になって価格が下がったり、技術開発によってさらに味が向上したりすれば、値段や味の優位性から培養肉を買う人も出てきます。いまでも、カニカマはカニとは全然違うけど、カニカマはカニカマでおいしいから買うのと同じです。

それから30年後の未来に生まれた子どもたち、つまり**第2世代は、**培養肉が当然の世界で育つことになります。いまのZ世代がスマートフォン前提の世界で生きていて、インターネットのない世界が想像できないように、**培養肉が当たり前の世界では家畜を殺して食べるお肉に違和感を覚える**ようになってきます。自分たちが食べるためだけに動物を殺すのは野蛮《やばん》であるという意識が広まっていきます。

現代の日本では、生き物の命をいただくので食事前に「いただきます」と言いますが、第2世代では「いただく」こと自体が動物の生きる権利を侵害していると考えるようになるということです。すでにこうした感覚の萌芽《ほうが》は、近年のフォアグラをめぐる状況に見いだせます。

この意識は人間の食べ物だけでなく、ペットの食べ物にも広がるかもしれません。家族であるペットの食べ物が、魚粉のように生き物を殺してつくられていると知るとショックを受ける人が出てきます。**ペットフードも細胞農業でつくられる**ようになるでしょう。

さらに30年後、第3世代は、「どうぶつはおともだち」が当然の世界で育つことになります。そうなると、肉にわざわざ「おともだち」であるウシやニワトリやブタの名を冠するメリットが揺らぎます。

同時に、いまの肉の外見に嫌悪感を覚えるようになります。どういうことかというと、赤身の生肉は人間や動物がケガをしたときに見えるものであり、おともだちである動物の死や痛みを連想させるからです。

そもそも「肉」という名称を嫌がるかもしれません。肉とは生き物を構成するものであり、「おともだち」を食べることについて罪悪感か何らかの不快感を覚える人が増えると思うからです。

そのため、**第3世代では食肉という名前が別の何かになり、生**《なま》**っぽさを避けて、生き物の肉とはかけ離れた見た目になっている**世界になるかもしれません。

このころには、**細胞培養キットと培養器が普及し、一般家庭で培養食品が自作できる**ようになってきます。いまのヨーグルトメーカーのようなものです。

ヨーグルトメーカーは趣味みたいなものなので一家に一台というほどではなく、買っても2、3回使ってすぐに飽きる人も多いのでは、と思いますが、好きな人は使い続けています。これと似たようなことが細胞農業でも起きます。

食品のもととなる細胞を購入し、それを培養器の中に入れてスイッチを入れると、食品ができあがるというキットです。家庭向けの培養器の性能でステーキ肉がうまくつくられるかはわかりませんが、このころの食品は生き物の肉とはかけ離れた見た目になっていると考えれば、とりあえず細胞の塊《かたまり》として増えれば十分かもしれません。

ただ、これくらいの未来になってくると、培養肉の究極のライバルが登場してくると思います。それはＶＲ（仮想現実《バーチャルリアリティ》）です。ＶＲの中で**ステーキの映像を見せて焼く音を聞かせれば、実際に食べているものは細胞の塊でも、ステーキを食べている感覚が味わえる**からです。あらゆる食べ物がそうです。

せっかく各国のスタートアップ企業ががんばって培養ステーキ肉をつくろうとしているのですが、ＶＲが発展した未来世界では過去の遺物となっているかもしれません。

「バイオニック宇宙船」から「じぶん細胞コスメ」まで

細胞農業は食品業界以外にも大きなインパクトを与えます。第１章では、レザーの原料や、恐竜の筋肉を組み込んだクレーンを想像しました。ダイナソー・クレーンなんて荒唐無稽《こうとうむけい》と思われるかもしれませんが、私の想像以上のものが細胞農業や、その先にある「なまものづくり」によって実現できるでしょう。

農畜産物に留まらず、多種多様な「なまものづくり」の製品が誕生する未来がやってきます。

私が夢見ているのは**「バイオニック宇宙船」**です。外側と船内の表面はある程度硬い成分でできていて、その間は細胞が集まってやわらかくなっています。生き物らしく、どこかが損傷しても傷口が塞《ふさ》がるという「自己修復機能」をもっている宇宙船です。

また、私たち人間の体温がほぼ一定なように、バイオニック宇宙船の中はほどよい温度に保たれ、快適な空間で過ごせます。

イメージとしては、前述したアニメ・映画の「エヴァンゲリオン」（エヴァ）みたいなものです。エヴァは中にパイロットが乗り込んで操作します。エヴァの見た目や操縦席は硬い装甲《そうこう》で覆われていますが、内側には筋肉のようなものがあります。細胞分裂の限界回数「ヘイフリック限界」のことを第2章で書きましたが、エヴァが自己修復できる限界のことを作中ではまさにヘイフリック限界といっています。

「エヴァは生命かロボットか」という話になるとそれだけで考察本ができてしまうので、ここでは議論しませんが、見た目も機能も生き物なのかロボットなのか明確に区別できないのは確かです。だいぶSFに振れてはいますが、エヴァやバイオニック宇宙船は、「なまものづくり」の将来イメージの一つといえるでしょう。

細胞農業も、近い将来は細胞が主役の「なまものづくり」と表現されるようになっていくと思いますが、さらに発展した遠い将来では細胞と非細胞、生物と非生物の境界があいまいになり、ひとくくりに「ものづくり」と表現するようになると想像しています。

SF好きの夢見る未来像が続いたので、もう少し手前の将来像を考えてみます。

細胞農業が発展する中で培《つちか》われた技術は、ほかの科学にも応用されます。最大の応用先は、おそらく**再生医療**でしょう。いまはバラバラの細胞を体内に入れるか、シート状にしたものを入れるくらいであり、臓器を丸ごとつくって移植するにはほど遠い状態です。

発展した細胞農業では、食べ物は大型バイオリアクターの中でつくられるくらい、巨大なものをつくることができます。**人間の臓器も、繊細につくる必要はありますが、立体的につくるという課題はクリアできている**でしょう。

病気を治すだけでなく、細胞農業でつくった新品の臓器を老化した臓器を入れ替えることで、体の中から若返ることだって不可能ではないかもしれません。

臓器レベルでなくても、自分の皮膚の細胞を培養してヒアルロン酸などをつくらせて、それを自分の肌に塗るという**「じぶん細胞コスメ」**などはそう難しくはないでしょう。自分の細胞がつくったものなら自分の肌になじむだろうという発想です。じぶん細胞コスメなら、私たちが生きているうちに実現できるでしょう。

アンダーグラウンドの闇細胞農業を抑えるには

細胞農業が普及した未来を妄想《もうそう》してきましたが、何のトラブルや問題もなしに普及するとは思えません。危険な使われ方をして世界的な議論が起き、各国で法規制が敷かれていくことにもなるはずです。そんな負の側面も考えてみましょう。

細胞農業のノウハウは再生医療に応用されますが、医療は人の命がかかっている以上厳しい基準が設定される可能性が高くなります。移植用の臓器をつくるなら、細胞の種類や培養液の成分、培養温度や手順など、決められた条件でつくることで安全性が確保でき、保険が適用されるでしょう。

ただ、非常に丁寧につくる必要があるため、それなりの価格になると思います。たとえば肝臓の移植費用は500万円、といったようにです。

しかし、**細胞農業技術が普及すれば、厳格な条件下でなくてもそこそこの臓器ができるかもしれません。**安全性や臓器としての機能、いわば医療品質が保証されたものではないのですが、**それが10万円で入手できるとアピールする闇医者が現れる**かもしれません。

あるいは、日本ではしっかり規制できたとしても、**規制がない他の国に行って闇医者の医療行為を受ける**ということも考えられます。

現在でも、美容整形のために格安で受けられる国に行くという話はすでにあります。他の国に行って医療を受けることを医療ツーリズムやメディカルツーリズムといいますが、これが細胞農業を使った再生医療でも起きる可能性があります。

低品質な培養臓器が移植されてしまい、命が脅《おびや》かされてしまうかもしれません。そして実際に**死亡事例が起き、医療事故として世界で議論される未来**は想像に難《かた》くありません。

しかし、規制を敷くばかりでは、抜け穴をかいくぐって闇医者や闇再生医療がアンダーグラウンドではびこるだけです。

適切な医療を提供する側も、品質維持のために価格を維持し続けるのではなく、細胞農業の技術の発展にともなって安価な方法を開発し続け、**品質が維持される前提で低価格な医療もすみやかに当局から認可が降りるような枠組みをつくり、業界の中で適切な競争が起きるのが理想**だと考えています。

細胞農業普及のカギは「オープン化」

適切な競争が起きるということは、一社が独占するのではなく、規模を問わずさまざまな団体がそれぞれのアイデアで細胞農業の技術や製品を磨《みが》き上げていく、という意味です。

私がいちばん懸念しているのは、一極集中の細胞農業独占企業が生まれてしまうことです。その企業で何かが起きたらすべてが共倒れするリスクが生じたり、その企業の独断経営で食文化が貧困化してしまったり、とロクなことがありません。

なによりも人々の手から地域文化や栄養など、食そのものだけでなく、食を取り巻くあれこれに関する選択肢が消えてしまうことは大きな問題です。

技術や製品を一社が自らの利益のためだけに独占してしまうと、市民やメディアとのコミュニケーションが十分にうまくできず、**結果として反感を買う**ことになります。デジタル機器で「独自規格」とうたって優位性をアピールしても、同じ会社の製品でしか使えないと結果として使い勝手が悪く、あまり普及しないことに似ているかもしれません。

だからこそ、こうした本の中でもレシピをオープンにして誰でも情報に触れられるようにし、自分でつくってみようと意気込む人たちが現れるようにしています。

そして、「**こんなものができた！」といろいろ実績を集め、議論して、この技術はこうあるべきとみんなで決めていくのが、私が目指す健全な細胞農業のあるべき社会の姿**です。

ソフトウェアの世界は個人的に見習える姿だと思います。真面目なものからゲーム、ちょっとふざけたアプリがいろいろあり、人々が自由に選択して楽しんでいます。

残念ながらコンピュータウイルスをつくったりサーバーを乗っ取ったりする人もいますが、一方でそれらを防ぐサイバーセキュリティの人たちもいて、それはそれでバランスが取れています。

もし、サイバーテロを防ぐためにプログラミングそのものを禁止にすれば、正しいためにプログラミングを学んできた人たちは学ぶ機会を奪《うば》われ、しかし悪事のためにプログラミングを使う人たちは結局規制があろうとなかろうとあらゆる手段を使って不正を働こうとします。

ならば、**技術や知識をオープンにして、いろいろな人がいろいろなものを試していく中でコンセンサスが得られていき、自然と犯罪を抑え込む世界が、結局は健全に発展してい**

くと考えています。

不正防止だけでなく、一部の企業が独占や寡占《かせん》をすることで不当に価格が釣り上がることを抑える意味でも、オープン化は有効になるはずです。

糖尿病の治療法として血糖値を下げる作用のインスリン注射があります。世界でも有数の糖尿病患者がいるアメリカでは、製薬会社のインスリン価格が高額になりすぎて、少なくない人が経済的な理由で治療を受けられなくなっています。

そこで、**個人や病院でコンパクトにインスリンをつくることを目的とした「オープン・インスリン・プロジェクト」**が生まれました。

技術がオープンになれば、「これをつくるのに、こんなに値段が高くなるわけないだろう」という認識が広まります。

もちろん、個人でつくるのと企業が大規模につくるのとで同じ値段というわけにはいかないでしょうが、生産規模に応じてつくり方を変えるという選択肢はありうると思います。

とにかくいろいろやろう、その先に未来がある

未来のことは想像するしかないので、「これが実現したらこういうことができて、でもこういう問題が起こりそうだ」と思考実験をすることがよくあります。しかし、人間はどうしても負の側面に注目しがちであり、感情が先走ってしまうものです。

細胞農業でいえば、将来的に藻類と筋肉細胞を同時に培養してつくられた、タンパク質と各種ビタミン、つまり肉と野菜の栄養を同時に摂れる、緑のスーパーミートができるかもしれません。

しかし、いきなり「緑色の肉があったら食べますか?」と聞かれても、「なにそれ?ゾンビの肉みたいで嫌だ」という反応が先に出てくる人が多くいると思います。そうなると、せっかくの技術が有効活用されない未来となってしまいます。

一方で、現在の技術の進歩は目覚ましいものがあります。細胞農業も例外ではなく、2013年に3000万円もした培養肉が、いまではシンガポールで誰でも2000円くらいで食べられるようになっています。あと10年もすれば、多くの細胞農業の製品が実用

化するでしょう。

ならば、思考実験で想像するのではなく、まずプロトタイプをつくり、それを元に話をしたほうがよいのではと思っています。**実際に緑のスーパーミートのプロトタイプを提示し、「実物を見てどうですか？」と問いかける**わけです。

もちろん抵抗を感じる人もいると思いますが、実物を見て思ったほど緑色が気にならない、あるいは緑の肉を食べてみたい、という人も出てくるでしょう。また、普段から完全栄養食を好むような忙しい人には、**「これならおいしく健康を保ちながら時短できる」というメリットが実物から手に取るように感じられる**のではないでしょうか。

実際、植物工場育ちのレタスなども、登場したときには「太陽を浴びていない野菜」などといわれることもありましたが、いまでは農薬や虫のない安心な野菜として積極的に買う人が出ています。

不安や反感を先走らせるだけではなく、実物から感じられるメリットも考えながら、実用化されたときの概念を確立しておけば、規制や反発だらけの未来にならないと考えています。

だからこそ、Shojinmeat Projectでは個人が自由に活動していろいろな結果を発信しています。私も細胞農業が普及した世界をコンセプトアートとしてつくったり、メンバーといっしょに「ＤＩＹ培養肉じゃぱりまん」「君の肝臓をたべたい：培養フォアグラ作って食べてみた」などという一見趣味全開の動画をネットにアップしたりしていますが、こうしたわちゃわちゃした状況をきっかけにして、さまざまな意見や議論を通じて、技術のあり方が健全に論じられる状況を望んでいるところがあります。

２０１７年に参加したシンギュラリティ大学「グローバル・ソリューション・プログラム」の最初のオリエンテーションで聞いた言葉をいまも覚えています。

「世界中から文化もバックグラウンドも宗教も全く違う人たちが集まる中で、何らかの誤解は必ず起こるだろう。その場合はこの言葉を思い出せ。

"Assume positive intention"（善意とみなせ）」

これは新しい技術が登場するときも同じだと思います。

新しい技術が登場して何かの課題を解決すると、また別の課題が出てくるのは避けられ

ません。しかし、その別の課題は、以前の課題ほどは大きくないものです。

以前の課題が「食料不足によって多くの人の命が危険にさらされる」とするなら、新しい課題は「再生医療の事故でわずかではあるが亡くなる人が出てくるかもしれない」というものです。やがて、新しい課題を解決する新しい技術が次の世代に登場して、また新しい課題が、新しい技術が登場して……これをくり返して人類社会は発展し成熟していくのだと思います。

人類の未来という壮大な話になってきましたが、私個人としてもコンセプトやプロトタイプをつくってネットでバズるのがいちばん楽しい瞬間です。

子どものころ、青玉連邦とかを想像していた**「ぼくがかんがえたさいきょうのSF」**の一部が現実化していくのを見て、こんなにロマンを感じることはありません。これが細胞農業という世界です。

著者略歴

１９８５年、神奈川県に生まれる。２００６年、英オックスフォード大学化学科卒業。２０１０年、同大学博士課程修了。博士（化学）。東北大学多元物質科学研究所、東芝研究開発センターシステム技術ラボラトリーを経て、２０１４年、細胞農業の有志団体「Shojinmeat Project」を立ち上げる。２０１５年、インテグリカルチャー（株）を設立。インテグリカルチャーでは細胞農業の大規模化と産業化、Shojinmeat Projectでは大衆化と多様化に取り組んでいる。

夢《ゆめ》の細胞《さいぼう》農業《のうぎょう》 培養《ばいよう》肉《にく》を創《つく》る

二〇二三年六月八日 第一刷発行

著者 羽生《はにゅう》雄毅《ゆうき》

発行者 古屋信吾

発行所 株式会社さくら舎 http://www.sakurasha.com

東京都千代田区富士見一-二-一一 〒一〇二-〇〇七一

電話 営業 〇三-五二一一-六五三三 FAX 〇三-五二一一-六四八一

編集 〇三-五二一一-六四八〇 振替 〇〇一九〇-八-四〇二〇六〇

装丁 アルビレオ

装画 宇田川由美子

編集協力 島田祥輔

本文図版 森崎達也（株式会社ウエイド）

本文ＤＴＰ 山岸全 田村浩子（株式会社ウエイド）

印刷・製本 中央精版印刷株式会社

ISBN978-4-86581-388-3